*ZHIYE JIAOYU*
*HANGKONG ZHUANYE GUIHUA JIAOCAI*

职业教育航空专业规划教材

# 航空基础概论

职业教育航空专业教材编委会　编

主　　编：魏全斌　刘　桦　刘　忠

执行主编：曾远志　贺文宁

副 主 编：刘红斌　蒋有明

编　　写：贺文宁　雷朝晖　蒋有明　刘红斌

　　　　　兰　燕　卢庆蓉

四川教育出版社
·成　都·

**图书在版编目（CIP）数据**

航空基础概论/刘桦等编著. —成都：四川教育出版
社，2012（重印）
职业教育航空专业规划教材
ISBN 978-7-5408-4953-5

Ⅰ.航… Ⅱ.刘… Ⅲ.航空学-概论-职业教育-教
材 Ⅳ.V2

中国版本图书馆 CIP 数据核字（2008）第 113873 号

| | | |
|---|---|---|
| 策　　划 | 侯跃辉 | |
| 责任编辑 | 林　立 | 董孟戎 |
| 封面设计 | 何一兵 | |
| 版式设计 | 顾求实 | |
| 责任校对 | 胡　佳 | |
| 责任印制 | 吴晓光 | 徐　露 |
| 出版发行 | 四川教育出版社 | |

地　　址　成都市槐树街2号
邮政编码　610031
网　　址　www.chuanjiaoshe.com

| | |
|---|---|
| 印　　刷 | 四川福润印务有限责任公司 |
| 制　　作 | 四川胜翔数码印务设计有限公司 |
| 版　　次 | 2008年8月第1版 |
| 印　　次 | 2012年7月第4次印刷 |
| 成品规格 | 184mm×250mm |
| 印　　张 | 9.5 |
| 定　　价 | 28.00元 |

如发现印装质量问题，请与本社调换。电话：（028）86259359
营销电话：（028）86259477　邮购电话：（028）86259694
编辑部电话：（028）86259381

# 编委会

# 前言

"十五"期间,我国的国民经济保持了持续快速的增长,伴随产业的重组,我国民航业进入了第二个高速发展期,逐步呈现出迅猛发展的趋势。根据中国民航总局的规划,"十一五"期间我国民航机队规模将大幅度的增大。许多国外航空公司开辟了中国航线,对中国航空服务人才的需求也在不断增加。这些因素都使民航专业人才的需求呈现上升趋势。中国民航迎来了前所未有的发展和机遇,但同时,中国民航业也面临着市场经济的严峻挑战和激烈竞争。在硬件技术差距越来越小的航空市场,市场的竞争也不再是单一的价格与技术的竞争,服务的竞争逐渐成为竞争的主要内容。航空服务成为决定航空企业服务质量与经济效益的一个极其重要的因素。只有拥有最完美服务的企业才是客人值得永远用行动和货币去支持的企业。只有让航空乘客满意,航空企业才能获得良好的发展。

民航业的快速、多样化发展,对航空服务人才的大量需求,使民航业人才培养的模式也从原来单一依靠民航系统院校培养,发展成为多层次的职业学校的培养模式。

为了贯彻"以就业为导向、以服务为宗旨"的职业教育办学方针,适应职业院校人才培养和素质教育的需要,同时适应中等职业学校课程设置要求,我们组织了一批在职业教育战线多年从事教学、研究工作的教师和行业的技术骨干编写了这套面向中等职业学校航空服务专业的教材。

《航空基础概论》是该专业学生了解和学习民用航空知识的入门课程。通过学习民用航空的发展、航空器与飞机概要、飞行原理与飞行应用、航空法规与航空港建设……使学生具备必要的航空知识,进一步了解民用航空的特点,并明确民用航空运输的主要职责。在保证飞行安全的前提下,充分发挥航空器、飞机的性能,完成空中交通运输任务,实现良好的经济和社会效益。即保证飞行安全第一、争取飞行正常、保证服务质量。

本教材在编写过程中注重理论与实践的结合,编写时尽可能用案例导入、知识链接、阅读思考等丰富多样的形式,深入浅出地介绍专业知识,具有真实性、可操作性。理论叙述通俗易懂,表达准确。通过学习,可以了解民航业务的专业知识和基本技能、相关的行业技巧,为实际工作打下基础。

本教材由卢庆蓉老师编写第一章;贺文宁、雷朝晖老师编写第二、三章;兰燕老师编写第四、五章;刘红斌老师编写第六章;贺文宁老师编写第七章。由贺文宁老师统稿。

全书在编写过程中,得到相关行业专家的指正,得到四川西南航空专修学院、成都航空旅游职业学校、成都礼仪职业中学、成都华夏旅游商务学校、成都双流职教中心的大力支持和指导,在此,谨向给予本书支持帮助的专家、同仁,致以衷心的感谢。编写中我们参考、采纳了国内外专家学者多种论文专著,在此我们一并对他们表示衷心的感谢。由于编写时间仓促,我们在参考引用某些文献时未能征得原作者的同意,原作者见书后,请与我们联系,以便我们寄奉稿酬或样书,并在重版时对书稿相关事项予以弥补。本书若有不足之处,恳请专家与读者批评指正。

本教材针对民航专业学生学习民航专业知识编写,也可作为民航工作从业人员的培训教材或参考资料。

编者

2010 年 6 月

# 目 录

# 第一章　航空概述

## 第一节　航空及我国航空体系

### 一、航空

航空指飞行器在地球大气层内的航行活动。航空业在发展初期，只是一个单一的行业，随着航空制造技术的不断发展，航空被应用到了各个领域。航空成为 20 世纪人类认识和改造自然进程中最活跃、最有影响的科学技术领域，也成为人类文明高度发展的重要标志，到了 20 世纪 20 年代，航空业形成了三个相对独立而又紧密联系的行业。

### 二、航空的分类

$$航空业 \begin{cases} 航空器制造业（航空制造业） \\ 军事航空 \\ 民用航空 \end{cases}$$

1. 航空器制造业是整个航空业的基础。没有了航空器的制造，所有的航空活动，不论是军事的或民用的都无法进行。航空制造业研究和使用最新的技术，制造出适用于各种目的和使用条件的航空器以及配套的设备，也是机械制造领域中的一个重要的部门。

2. 军事航空是为了保卫国家以及维护国家内部安定而进行的军事性质的航空活动。其中主要部分是空军，执行保卫国家领空，歼灭入侵之敌的任务，以及进行国家的其他军事活动。军事航空是国防的重要组成部分。

3. 民用航空则是指使用航空器从事民间性质的活动。在第二次世界大战以后，民用航空运输发展成为一个庞大的行业，是交通运输业的一个重要组成部分。

### 三、民用航空的定义和分类

（一）民用航空的定义

使用各类航空器从事军事性质（包括国防、警察和海关）以外的所有的航空活动称为民用航空。

（二）民用航空的组成部分

1. 商业航空（航空运输）

是指以航空器进行经营性的客货运输的航空活动。

航空运输是一种商业活动，以盈利为目的；又是运输活动，是交通运输的一个组成部门，与铁路、公路、水路和管道运输共同组成了国家的交通运输系统。由于其快速、远距离运输的能力及高效益，航空运输在总产值上的排名不断提升，并且在经济全球化的浪潮中和国际交往上发挥着不可替代的、越来越大的作用。

2. 通用航空

通用航空包罗多项内容，范围十分广泛。

按照国际民航组织（ICAO，即 International Civil Aviation Organization）的分类，通用航空可以划分为航空作业和其他类通用航空两个部分。

（1）航空作业：是指用航空器进行专业性工作，提供专业性操作，为工业、农业以及其他行业进行的航空服务活动，在我国也称为专业航空。

| 类型 | 作用 |
|---|---|
| 工业航空 | 航空摄影、航空遥感、航空勘测、航空物探、航空吊装、海上采油、航空环境监测等。 |
| 农业航空 | 森林灭火、除虫、撒播树种、草种、撒播农药、除草、观测渔情等。 |
| 航空科研和探险活动 | 新飞机的试飞、新技术的验证以及利用航空器进行的气象天文观测和探险活动。 |
| 航空在其他一些领域中的运用 | 巡逻、搜巡、救助、医疗等；空中广告作业，空中考古等。 |

（2）其他类通用航空：指处理以上各类航空作业活动之外的各种航空活动。

| 种类 | 用途 |
|---|---|
| 公务航空 | 大企业或事业单位以及政府单位自备航空器为其自身业务服务的航空活动。 |
| 私人航空 | 私人拥有航空器作为交通或娱乐工具的航空活动。 |
| 飞行训练 | 为培养各类飞行人员（军事航空飞行人员除外）的学校和俱乐部所进行的飞行活动。 |
| 航空体育活动 | 使用各类航空器进行的体育和娱乐活动：如跳伞、滑翔运动，热气球飞行以及航空模型运动。 |

（三）民用航空系统的组成部分

1. 政府部门

民用航空业对安全的要求高，必须进行严格管理；且涉及国家主权和交往的事务多，要求迅速地协调和统一地调度，因而几乎各个国家都设立独立的政府机构来管理民航，我国由民航总局负责管理。

2. 民航企业

（1）定义：指从事和民航业有关的各类企业，其中最主要的是航空运输企业，即我们常说的航空公司，它们掌握航空器从事生产运输，是民航业生产收入的主要来源。其他类型的航空企业如油航材、销售等，都是围绕运输企业开展活动的。

（2）航空公司业务分类：

主要分为两个部分：

一是航空器的使用（飞行）维修和管理；

二是公司的经营和销售。

航空公司必须安全飞行和占有市场才能获得利润。

3. 民航机场

机场是民用航空和整个社会的结合点，也是一个地区的公众服务设施，因此机场既带有盈利的企业性质同时也有为地区公众服务的事业性质。世界上大多数机场是地方政府管辖下的半企业性质的机构，主要为航空运输服务的机场称为航空港或简称空港，使用空港的一般是较大的运输飞机，空港要有为旅客服务的地区（候机楼）和相应的设施。

4. 参与通用航空各种活动的个人和企事业单位

包括通用航空公司，为通用航空公司服务的各类企业、航空单位、航空体育活动单位以及拥有飞机的个人和企事业。这个庞杂的群体，活动形式多样，以满足人们对航空活动的多种需要。

民用航空是一个庞大复杂的系统，其中有事业性的政府机构，有企业性质的航空公司，有半企业性质的空港以及大量的参与通用航空活动的个人和企事业单位，只有这四个部分协调运行才能保证航空事业的迅速前进。

# 第二节　民用航空的历史及发展

## 一、民用航空的历史及发展

（一）航空业的出现和民航的开始

第一次世界大战结束后，欧洲各强国政府极力支持民用航空的发展，在 1919 年的巴黎和会上，法国政府就建议草拟一个航空公约作为巴黎合约的一部分，后来有 38 个国家签署了这一条约，被称为巴黎公约，这是世界上第一部国家间的航空法。

1919 年初德国首先开始了国内的民航运输，同年 8 月英法开通了定期的空中客运，民用航空的历史正式揭开。

随后欧洲的几个航空公司组建了国际航空运输协会（LATA，即 International Air Transport Association），这个协会的目的是促进国际航空的发展和使乘客感到方便。不久就在欧洲建立起联系各国的航空网，1919 年是民用航空正式开始的一年。

从 1919 年到 1939 年这 20 年间是民用航空初创并发展的年代，民用航空迅速从欧洲发展到北美，然后普及到亚非、拉美各洲，迅速扩展到全球各地。中国也在 1920 年开始建立了第一条航线。1933 年美国人林白（A．C．Lindberg）横越大西洋的飞行成功，把航空由洲内飞行扩展到了洲际飞行。这个年代最具代表性的民航客机是美国的 DC－3。

DC－3

1939 年第二次世界大战的开始，中断了民航发展的正常进程。战争是生死攸关的大事，战争对航空技术的推动力远比靠获取商业利润的推动力更大，在 6 年的战争中，航空技术取得了飞跃的发展。从某种意义上说，航空是战争胜负的决定因素之一，特别是战争的后期，喷气飞机的出现，飞机在战争中大量的使用，为以后民航的大发展奠定了基础。

（二）民用航空的大发展时期

1945 年战争结束后，到 1958 年民用航空经历了恢复和大发展的时期，这一时期内民用航空的主要发展在以下几个方面：

1．国际航空迅速发展，1944 年 54 个国家在美国芝加哥举行会议，共同签署了国际民用航空公约（芝加哥公约）。这个公约成为现在世界国际航空法的基础。根据公约的规定，在 1947 年成立了国际民航组织。从此在世界范围内有了统一的民用航空管理和协调机构，各个国家随即建立起相应的民航管理机构，代表政府参加这一国际组织，民用航空从此变成了有统一规章制度的世界范围的行业。在此基础上国际航空业务迅速发展起来，到 2000 年全世界有 185 个国家参加了这一组织。

2．机场和航路网等基础设施大量兴建，使民用航空由过去的点线结构向面上发展，逐步形成了一个全球范围的航空网。

3．直升机进入民航服务，成为民航的又一种主要航空器，开辟了民航的新领域。

4．喷气民用飞机的研制进入了实用阶段，为民航的第二阶段的发展准备了条件。

从 1956 年开始，喷气民用飞机进入服务，开始了民用航空的一个新的阶段。喷气飞机是 1939 在德国首次出现的，1942 年英国也试飞了喷气飞机，到二战后期，喷气战斗机已经投入使用，装备了部队。但喷气民用飞机的发展却经历了较长的路程。英国作为喷气飞机的先驱国家和战胜国在战后就致力于民用喷气飞机的发展，1950 年世界上第一架涡轮螺旋桨喷气客机——英国的"子爵"号投入使用，但是"子爵"号的使用并没有开启喷气时代。因为涡轮螺旋桨飞机主要的推力来自螺旋桨，其速度的提高相对于活塞式飞机并不是太大，喷气飞机在民航上的优越性并没有充分显示出来。1952 年装配四涡轮喷气发动机的英国"彗星"号客机在航线上开始使用，但在随后的两年内"彗星"号连续3次空中解体，使喷气机在民航应用受到了挫折。但喷气民用飞机的优越性已经显示出来，在接受了"彗星"号失败的教训后，人们终于找到了导致"彗星"号失事的原因——"疲劳断裂"，并找出了解决的方法。1956年苏联的图-104投入航线，1958年美国的波音707和DC-8进入航线，喷气航空的新时代开始了。作为喷气

波音707

航空的代表机种，波音707的速度为每小时900~1000公里，航程可达12000公里，载客158人。这就使得民用航空由一个国家或一个大陆内的少量人使用的运输手段，成为一个全球性的大众化的运输行业。极大地促进了全球的交通发展，也使航空运输成为国际和国内运输的重要力量。

【资料】主要机型的型号及名称

| 型　　号 | 名　　称 | 型　　号 | 名　　称 |
|---|---|---|---|
| 747/707/777/757/767/737 | 波音系列客机 | 340A340 | 空中客车 |
| M82/M11/M90 | 麦·道格拉斯 | TU5 | 图-154 |
| A313-300 | 空中客车 | SH6 | 肖特360 |
| ABFA300-600 | 空中客车 | DH8 | 冲8 |
| 312A310-200 | 空中客车 | 146 | 英国宇航公司146 |
| 320A320 | 空中客车 | YK2 | 雅克-42 |
| ILW | 伊尔-86 | FK1 | 福克100 |
| AN4 | 安24 | DHC | 双水獭 |
| YN7 | 运7 | MET | 美多-23 |

（三）民用航空的全球化、大众化时期

喷气飞机进入民航，使得整个民航系统发生了变化。

首先对于航空公司，由于喷气飞机的出现，使得远程、大众化和廉价的航空运输成为可能，在巨大的需求和利润驱使下，航空公司积极地开拓市场，参加国际竞争。在发达国家出现了大量的航空公司，并最后形成了数十个大型航空公司。发展中国家也把参与国际航空市场作为国家尊严和地位的象征，全力支持航空公司的发展，使民航事业一片繁荣。

其次对于机场系统，由于喷气飞机的尺寸、重量、噪声带来的问题，旧的机场已不适合使用，于是，改造旧机场适应喷气机；兴建新机场，满足不断增大的客流、货流，成为一个不间断的过程。时至今日，这个潮流仍在继续。

第三，对航行管理系统的各部分，从空中交通管制到航路建设、航行情报，都要跟

上喷气时代，民航进入了全球的大众化运输的新时代。

　　从20世纪70年代之后民航继续朝着大型化和高速度的方向发展。1970年波音747宽体客机投入航线是大型化的一个重要标志，而1969年底英、法联合研制的超音速客机"协和"号的投入使用则是民航提高速度的一次尝试。在航空运输的管理上，美国于1978年实行的航空公司放松管制法起了重要作用。由于航空运输涉及国家的安全和乘客的安全，因而在1978年以前，各个国家对于航空公司的经营实行严格的控制，主要是对票价和市场进入的控制。很多国家不允许私人企业经营航空公司，只有国营的航空公司，有的甚至把航空企业作为国家机构或军队的一个部分。

　　随着航空运输的迅速发展，人们终于认识到尽管航空运输有它特殊的安全需要，并且技术密集，风险较大，但仍可以通过一系列的安全法规使之按市场经济的法则展开竞争，这样可以促使航空运输企业合理地配置资源，降低成本，促使企业更迅速有效地发展。由美国开始的放松管制的最初几年中，出现了不少问题，一度引起了美国航空运输的混乱，如1979年在芝加哥出现的DC－10空难，死亡人数300人，这促使

波音747

美国联邦航空局加强了对民航飞机的适航性管理；1981年美国航管人员举行了全国性的大罢工，使美国的航空管理系统有半年的时间不能正常运作，经济上受到巨大损失；各式各样的中、小型航空公司大量出现，造成了机场拥挤，经营混乱和规章制度不规范等问题。

　　20世纪80年代，放松管制的趋势扩展到了西欧、日本等地区，这使得民航市场迅速全球化。放松管制初期的中、小航空公司由于规模效益低，或倒闭，或被大公司兼并。在世界范围内，大航空公司跨国联合组成集团，通过代码共享，开放天空来争夺世界市场中的更大份额。时至今日，民航已经发展成为一个巨大的国际性行业，对世界经济或一个国家的经济发展产生着举足轻重的影响，各国的政府和企业都对民航进行了大量的投资，把它作为一个有巨大潜力的行业来开拓发展。

　　展望未来，民航作为一个整体系统在结构上和运营上要继续适应全球一体化的要求，不断地改进和发展，继续降低价格，保证乘客的舒适安全，开展更多的服务内容，减少各种限制，减少噪声，保护环境不受污染，由此，民航将迎来下一个更加繁荣发展的阶段。

**资料　飞机机型相关介绍**

| | |
|---|---|
| 1. 大型宽体飞机：座位数在200以上，飞机上有双通道通行 | 777 波音777　载客在350人左右（或以77B作为代号） |
| 747 波音747　载客数在350～400人左右（747、74E均为波音747的不同型号） | 767 波音767　载客在280人左右<br>M11 麦道11　载客340人左右 |

340 空中客车 340 载客 350 人左右

300 空中客车 300 载客 280 人左右（或以 AB6 作为代号）

310 空中客车 310 载客 250 人左右

ILW 伊尔 86 载客 300 人左右

2. 中型飞机：指单通道飞机 载客在 100 人以上，200 人以下

M82/M90 麦道 82 麦道 90 载客 150 人左右

737/738/733 波音 737 系列 载客在 130～160 人左右

320 空中客车 320 载客 180 人左右

TU54 载客 150 人左右

146 英国宇航公司 BAE - 146 飞机 载客 108 人左右

YK2 雅克 42 载客 110 人左右

3. 小型飞机：指 100 座以下飞机，多用于支线飞行

YN7 运 7 载客 50 人左右

AN4 安 24 载客 50 人左右

SF3 萨伯 100 载客 30 人左右

ATR 雅泰 72A 载客 70 人左右

## 二、中国民航的历史发展概况

### （一）旧中国时期（1920～1949）

轻于空气的航空器传入中国是在 19 世纪的最后几年，比气球的出现晚了近一个世纪，而且没有什么用途。但在飞机出现 6 年之后，1909 年旅美华侨冯如就制成了一架飞机并试飞成功，1910 年有人在北京南苑也制成了一架飞机，由此开始了中国的航空事业。1911 年辛亥革命之后，南方革命政府、北京政府和其他地方势力都积极发展航空，在北京、广东、东北组建空军，把航空用于军事目的。

1918 年北洋政府设立航空事务处，这是中国第一个主管民航事务的正式管理机构。1920 年开通的北京——天津航线是我国第一条航线，中国民航就此拉开了序幕。1936 年开通了广州到河内的航线，这是我国第一条国际航线，到 1936 年底全国共有的航线里程超过两万公里。

抗日战争的爆发终止了中国民航在全国范围内的发展，但是民航却成为中国和当时支持中国抗战国家之间的主要联系通道。1939 年成立的中苏航空公司开辟了重庆到莫斯科的航线，为苏联支援中国抗日提供人员、物资。中国航空公司和中央航空公司（1941 年因为欧亚航空公司合资方德国作为日本的盟国，并承认南京的汪伪政权，中国收回股权，1943 年改为中央航空公司）在抗战时期，执行了从印度飞经喜马拉雅山到昆明进而至重庆的运输飞行任务，这条航线在当时的条件下，由于海拔高，气象条件恶劣，又要遭到日本空军的袭击而困难重重，民航人员排除了种种困难，运送了大批盟国支援的作战物资和人员，有上千名飞行员和机务人员用生命和鲜血保证了中国抗日战争的物资源源不断送到前线。这条被称为"驼峰航线"的空中运输线，成为航空史的一个奇迹，中国的民航人员在其中作出了重大贡献。

### （二）新中国时期（1949 年至今）

1949 年 10 月中华人民共和国成立后，开始了中国历史的新篇章。11 月 9 日当时总部迁到香港的中国航空公司和中央航空公司的总经理刘敬宜和陈卓林宣布两个航空公司

4000 余名员工起义，服从中央人民政府领导，并率领 12 架飞机飞回祖国大陆，这就是奠定新中国民航事业基础的著名的"两航起义"。

1. 计划经济时期（1949～1978）

从 1949 年到 1978 年是新中国民航事业发展的第一个时期。

1949 年 11 月中央军委民航局成立，统管全国的民航事务，1954 年民航局归国务院领导更名为中国民航总局，中国仿照苏联的经济体制建立起自己的民航体系。民用航空作为政府的一个部门，对民航的机场、飞机、经营、航路各方面进行划一的垂直领导，在业务上民航局仍然从属于空军的领导，是一个半军事化的行业，主要服务于各项政治和军事目的，航空运输的通用航空的发展受到很大制约。

从 1949 年到 1965 年随着国家经济建设的发展，我国的民航事业也取得了一些进展，购进了新的飞机，扩建和新建了一批机场，开辟了新航线，建立起了以北京为辐射中心的单线式的航空网，由于当时的国内国际形势和计划经济的体制，在这一时期国内航空业发展的重点是航空制造业和空军，民用航空是军事航空从属单位，它的首要任务是保障政府和军事人员的交通和国际交往的需要以及一些紧急事态的处理，而客货运输任务则放在第二位，只能作恢复性和保持性的发展。

到 1965 年我国的航线里程和总周转量虽比 1949 年的水平有很大增长，但从整个的旅客周转量上还达不到我国历史上的最高水平，这和我国国民经济的发展极不相称，这充分说明了在这一阶段中我国的民用航空还不足以真正成为国民经济中的一个重要组成部分。从 1965 年到 1976 年的十年是"文化大革命"的动乱时期，我国的民航业受到严重的干扰和损害，属于停滞状态。

2. 改革开放时期（1978 年至今）

我国的民航事业于 1978 年有了生机。这一年党的十一届三中全会召开了，党和国家的工作重点放到了国民经济的建设和发展上，提出了改革和开放的政策，从此民航开始了从计划经济到市场经济的根本性转变。经过 1978 年、1979 年的酝酿，1980 年把民航正式从军队的领导下转为政府领导，民航管理开始走上现代化的道路。

第一阶段（1978～1987），是改革军事化的集中指挥体系，开始进行经济核算。工作的重点放在发展生产上，我国民航业有了巨大的发展，国内航线大大增加，并建立了通向世界各大洲的国际航线网。

第二阶段（1987～1997），从 1987 年起民航总局决定把航空公司、机场和行政管理当局按照其自身性质分离，分别进行经营和管理。航空公司作为企业，按照盈利的目的独立地经营，同时也允许地方办航空公司，形成竞争的局面。机场逐步下放到地方，进行带有公众服务性质的半企业化管理，民航主营单位加强对整个行业的管理。

1987 年，中国政府决定对民航业进行以航空公司与机场分设为特征的体制改革。主要内容是将原民航 6 个地区管理局的航空运输和通用航空相关业务、资产和人员分离出来，组建了 6 家骨干航空公司。这 6 家国家骨干航空公司是：中国国际航空公司、中国东方航空公司、中国南方航空公司、中国西南航空公司、中国西北航空公司、中国北方航空公司。此外，以经营通用航空业务为主并兼营航空运输业务的中国通用航空公司也于 1989 年 7 月成立。1990 年，组建了专门从事航空油料供应保障业务的中国航空油料总公司；从事航空器材（飞机、发动机等）进出口业务的中国航空器材公司；从事全国计算机订票销售系统管理与开发的计算机信息中心；为各航空公司提供航空运输国际结算服务的航空结算中心；以及飞机维修公司、航空食品公司等。随着我国经济建设的迅速发展，改革过的民航事业继续以超常规的速度发展，在国际上的排名上升到第 10 位，成为了世界上的航空大国。

第三阶段（1997 年至今），经过 20 年的改革开放，我国的民航运输作为交通运输的一环，以每年 19% 的速度递增，为国民经济的高速发展作出了贡献。随着国民经济的发展从速度型向效益型的转化和进一步融入国际经济体系，民航要保证持续发展就面临着进一步的体制转变和改革。

2002 年 3 月，中国政府决定对中国民航业再次进行重组。主要内容有：

（1）航空公司与服务保障企业的联合重组，民航总局直属航空公司及服务保障企业合并后于 2002 年 10 月 11 日正式挂牌成立，组成 6 大集团公司，分别是：中国航空集团公司、东方航空集团公司、南方航空集团公司、中国民航信息集团公司、中国航空油料集团公司、中国航空器材进出口集团公司。成立后的集团公司与民航总局脱钩，交由中央管理。

（2）民航政府监管机构改革，民航总局下属 7 个地区管理局（华北地区管理局、东北地区管理局、华东地区管理局、中南地区管理局、西南地区管理局、西北地区管理局、乌鲁木齐管理局）和 26 个省级安全监督管理办公室（天津、河北、山西、内蒙古、大连、吉林、黑龙江、江苏、浙江、安徽、福建、江西、山东、青岛、河南、湖北、湖南、海南、广西、深圳、重庆、贵州、云南、甘肃、青海、宁夏），对民航事务实施监管。

（3）机场实行属地管理，按照政企分开、属地管理的原则，对 90 个机场进行了属地化管理改革。

2004 年 7 月 8 日，随着甘肃机场移交地方，机场属地化管理改革全面完成，也标志着民航体制改革全面完成。

我国在 1996 年 3 月颁布并施行了《中华人民共和国航空法》，标志着我国民航正式迈向依法治理的阶段，在随后的几年里，依据这部航空法制定了一系列民航法规和条例，初步建立了我国民航的基本法律体系，在体制上把不适应市场的机构和企业进一步改造以适合于市场经济。

2001 年我国加入世界贸易组织（WTO）后，我国经济就完全置身于经济全球化的浪潮之中，民用航空作为世界贸易的重要组成部分必须和世界经济接轨，参与国际竞争。1999 年中美签订了新的航空运输协定以及 2002 年政府允许民营资本经办航空企业，这都是我国民用航空业顺应国际航空业的发展潮流，进一步开放改革，为航空业的持续健康发展所作的努力。

　　在上述有力政策措施下，到 2002 年我国的民航运输总周转量达到 165 亿吨公里，上升到世界第 5 位，成为一个航空大国。但不论从人均周转量、人均航空旅行次数以及飞机保有量看，我国和世界航空强国仍有相当距离。为此，2003 年中国民航总局确定了用 20 年时间把我国由一个航空大国转变为航空强国，以适应我国全面建设小康社会的目标。

　　中国作为一个拥有 13 亿人口的大国，不仅是世界上的工业、贸易大国，而且是世界上尚未完全开发的、潜在的最大航空市场。我国的民航事业在正确的方针指引下，一定会在 21 世纪腾飞，在 20 年内实现由民航大国转变为民航强国的宏伟目标。

## 第三节　民航工作的特点

　　我国在新的历史条件下民航工作的特点，应该是民航的市场化问题，或者说按照市场取向的改革。

　　从 1980 年开始，民航一直在向企业化的路上改革进取。其间经历了管理局、航空公司与机场分立，航空运输价格改革，民航全行业严重亏损以及规范国内航空运输市场、扭亏为盈等重大事件，在探索中积极推进民航市场化。民航 6 大企业集团组建并与民航总局脱钩，标志着民航市场化进入了一个重要阶段。面临新的形势，以下几个问题是我们在今后工作中应该着重把握的。

### 一、民航市场化的基本目标和内容

　　由于各种原因，目前民航市场化仍处于初始时期，很多问题还在探索之中。在深入民航改革之际，有必要进一步明确民航市场化的基本目标和内容。

　　（一）民航市场化的基本目标

　　民航市场化的基本目标应当在社会主义市场经济体系中确定。从我国民航的现状和发展来看：市场对民航资源配置的基础性作用得到比较充分的发挥，基本实现经济体制与经济增长方式两个根本性转变，完成行业战略性结构调整，建立比较完善的适应市场经济要求的民航管理体制，形成统一、规范、有序的航空运输市场和公平、合理、有效的市场竞争机制及适应市场的价格形成机制，发展具有现代企业制度和较强国际竞争力的企业，促进民航沿着市场化轨道持续快速健康发展。

　　（二）民航市场化的基本内容

　　民航市场化是一个完整的系统工程，主要体现在民航发展的方方面面。

　　一是建立灵活、有效的行业进入与退出机制，企业与资本可以根据市场的要求，按照一定的秩序自行决定进退分合，使航空运输资源在市场的作用下保持相对均衡并得到比较充分的利用。

　　二是建立由市场配置航线航班资源机制，实行航线资源的有偿使用。企业按规定自行确定航线航班，并根据不同的航线航班预期收益所形成的级差，购买一定时期的航线经营权。

三是形成良好的竞争机制，竞争环境得到治理，企业的竞争行为、手段得到规范，倾销或垄断行为得到有效抑制。

四是建立政府宏观调控、反映市场供求变化、企业自主有限浮动的航空运输价格（包括与此相关的航油等上下游产品和服务的价格）形成机制，并逐步加大市场决定因素，最终形成企业定价、政府监督的机制。

五是与国际航空运输市场对接，逐步开放我国航空运输市场，首先是根据我国民航发展的战略需要放开并充分利用第五航权，形成内外市场相融、内外航有序竞争的局面。

六是建立产权清晰、自主经营的航空运输企业，使其成为真正的市场主体。

七是政府转换职能，宏观调控，依法行政，按照市场的要求实施有效的行业管理。

以上7个方面的核心是市场配置资源。当然，市场是丰富的，市场化的内容也是丰富的，并随着经济、社会和科技的进步增加新的内容。但就当前来说，只要基本完成了这些任务，我国民航的市场化就会出现质的飞跃。

### 二、民航市场化的条件

最主要的就是放开运价，由企业自行定价。价格是市场的重要因素，是市场配置资源的重要杠杆。我国民航的发展最终要迈出这一步，并由此推动民航整体的市场化。然而走出这一步是要有相应条件的。

从发达国家情况看，民航是政府长期管制行业，放松管制需要有一个条件逐步成熟的过程。政府管制曾经是航空运输业发展的必不可少的阶段。

从国内情况看，1997年底我国民航开始放松价格管制，试行多级票价，进而为航空公司推行收益管理创造条件。但事情的发展背离了初衷，演化成削价竞销的价格战，最终留下了全行业亏损24.4亿元的恶果（这是政策调整后的数字。如果按上年可比口径计算，亏损额高达60亿元以上）。

推行市场化必须遵循客观规律；市场化趋向不可避免，但进程是可控的，是能够通过政府行为创造条件有步骤地实施的；市场化并不是把企业推向市场就万事大吉，政府应给予积极支持和严格监管；民航市场化没有一个固定的模式，各国、各行业的情况不同，市场化的形式、进程也不尽相同。我们应该从我国民航的实际出发，探索适应我国民航特点的市场化路子。

第一，使企业成为真正的市场主体，建立以现代企业制度为核心的公司管理结构。

民航长期处于政企合一的体制中，企业的体制、机制、利益、理念以至各种资源的配置，都带有很浓的行政色彩和痕迹，并不是真正的企业和市场主体。一方面，企业决策、经营受制于政府，无法自主地参与市场竞争；另一方面，企业又对政府有严重的依赖性。在政府的庇护下没有经营风险，甚至可以毫无顾忌地（不顾成本、不顾收益、不顾企业发展的必要积累）盲目投资、扩大规模，或是打价格战。只有政企分离，企业作为市场主体，政府也从垄断经营者变为市场竞争的组织者，才能真正推进市场化。

第二，使航空运输市场处于适度垄断竞争状态。这一点，美国与欧洲、日本不尽相同。美国放松管制前有 36 家按照《联邦航空法》第 401 章使用大型飞机（飞机座位数为 61 座以上）经营定期飞行的持证航空公司。但在 1978 年实施放松管制法的时候，已基本形成了 11 家航空公司占有 88% 国内航空运输市场和 4 家航空公司占有全部国际航空运输市场的垄断局面。同时，无论是国内主要干线还是国际航线，都是一个或几个航空公司经营。放松管制初航空公司数量增长很快，最多时达到 200 余家。20 世纪 80 年代末迅速下降，市场集中度越来越高，逐步形成垄断型市场结构。日本、欧洲是在垄断型市场结构中放松管制的。而 1996 年我国国际、东方、南方三大航空公司合计只占有 46% 的客运市场和 49% 的货运市场份额；我国国内有的主要干线最多时有 10 家航空公司经营航线。这是 1998 年出现恶性竞争的重要因素。可见，尽管各国情况各异，但有点相似，即只有在国内航空运输市场和航线经营上处于寡头垄断竞争状态，才能保证市场化进程的有序和有效。

第三，使市场供求基本平衡。从供给来看，机队规模要随着需求的增长而扩大，但要特别防止一味追求以外延为主的扩大再生产。机队规模的扩大应当是在内涵能力得到比较充分发挥的基础上的扩大、有效益的扩大、在机型结构合理的基础上的扩大。不从实际出发盲目引进飞机特别是大型飞机，无论于行业还是于企业，不仅会造成运力相对过剩，而且会出现结构失衡，影响企业效益。从需求来看，航空运输在我国还不是大众消费形式，市场需求价格弹性小于 1。世界上主要发达国家的民航都是经历了几十年的管制政策后（美国就经历了 40 年），当国民经济发展达到一定水平，国民消费能力有较大提高后，才逐步放开民航管制，形成对需求的有效刺激的。

第四，建立配套灵活的、以税率和利率等经济杠杆为主体的市场调节机制。企业以获取利润为最终目标。放松管制后，在趋利规律的作用下，市场资源必然集中流向预期获利的航线，导致结构严重失衡和地域经济更大的差异。因此政府要瞻顾全局，通过以各项经济杠杆为主体的机制实施宏观调控，使全行业在市场化过程中基本保持合理的结构。同时，还要从国家发展的整体战略出发实施调控。比如实施西部大开发政策对西部民航的发展、对支线的发展、对民族航空制造业的支持、对航线进入的控制、对引进飞机类型与数量的控制，等等，都需要利用经济杠杆灵活、及时地调控，以实现经济目标和社会目标的统一。

第五，建立比较完备的市场法规体系和监管机构，形成良好的市场秩序特别是市场竞争规则。民航市场化必须法律先行。这是保证市场化顺利推进的及其重要的条件。世界发达国家民航市场化改革，都是在比较充分的法律准备基础上实施的。目前我国民航的立法工作远远落后于市场的发展，加上监管机构专业化程度较低，缺乏经验，完全放开容易产生严重混乱，从而加大改革的成本。近年来规范国内航空运输市场之所以起起伏伏，很重要的原因就是法规不完善，监管不力。因此必须大力加强立法工作，尽快制定适应民航市场化的一整套法律法规，真正做到有法可依，依法监管，使民航的市场化沿着法制的轨道健康发展。

当然，民航市场化是一个过程，一切条件也必须在动态中逐步形成，我们必须一开始就有意识地、主动地去创造条件，有步骤地有秩序地推进民航市场化。

### 三、民航市场化的发展阶段

民航市场化不可能一蹴而就，应从客观实际出发，根据各种条件成熟的程度分阶段实施。从我国民航的具体情况和资源配置的角度来看，市场化可以考虑分为三个阶段推进。

第一阶段，政府配置为主，市场配置为辅。这是我国民航现在的情况。长期以来，我国民航的资源都是由政府配置，市场进入、航线航班、客货运价、飞机引进等等，都是在政府的计划中进行，政府是配置资源的唯一决定力量。以后虽然在运价等方面有些改革，但资源配置上基本是政府行为，行业运转的主要项目和企业经营的主要决策权，仍然沿用过去的审批制度。1997 年 11 月民航总局推出"一种票价，多种折扣"的政策，尽管存在不少问题，但客观上在一定程度起到了提高民航市场化程度的作用，就此而论，不应该完全否定。虽然 1999 年实行了规范国内航空运输市场的措施，但市场的作用已经开始加大。市场趋利的规律已经在航线的选择与经营中比较明显地体现出来。如北京——广州等 7 条航线实施了较大幅度的管理；支线飞机执行的航班、独家经营的航班、省（区）内航线的价格在限定的上浮界限内，已由企业自行定价。市场配置资源的作用开始显现。

第二阶段，以市场为导向放松部分项目管制，转换政府职能。这是这次民航改革的重要内容，核心是以市场为导向。其中有四个最为鲜明的特点：

第一，政企分开，6 大集团与民航总局脱钩，独立运营，市场主体随之出现。

第二，改革审批制，减少政府审批的项目。这项改革似乎很平淡却十分深刻，是民航市场化的关键之一。不走这一步，市场化无从谈起。目前民航总局报呈国务院并已批准取消审批项目共 64 个，随着市场化的推进，还应取消更多的审批项目，而代之以以法律手段和经济杠杆对全行业实施宏观调控。

第三，以价格适度放开为标志，放松部分项目的管制。目前正在制定并即将实施的国内运价改革将给予企业更大的定价自主权。新的价格政策不必过细过死，有一个总体幅度即可。价格下限似以行业平均价格为好，时限也最好以财务年度为单位。每年的销售价格总体上达到规定幅度内即可，不必月月相符。这样不仅给企业留下一定的纵向调整空间，而且可以留下较大的横向调整空间，使新的定价机制给予企业更大的自主权，有利于企业经营特别是细分市场，实施收益管理。同时，要制定科学、合理的监管标准以及相应的配套法规规章。

第四，转变政府职能。当前要在职能调整的基础上实现管理创新，包括管理理念、管理内容、管理方式和管理手段的转变。其中最重要的是尽快转变观念，首先要考虑不管什么，再去考虑管什么。整个管理理念和思维模式要有根本的转变。再一个是立法，特别是规范市场的法规规章。这个任务很急很重，但如果不尽快做，市场无章可循，市场化就难以顺利推进。这个阶段大约 3～5 年，是承上启下的过渡阶段，很多的观念、法律、方式、方法都要在这一阶段转变，为最终实现民航市场化目标打好基础。

第三阶段，充分发挥市场在资源配置中的基础性作用，全面放松管制，政府加强监管。在这个阶段市场已经能够在各方面对资源配置起决定性作用，企业产权的变化、航空运输市场的进入退出、航线航班的选择、航空运价的确定、企业运力的增减等等，基本上是市场作用的结果。航空运输市场对内放开的同时，在确保国家利益和主权完整的前提下，适度扩大对外开放，有限度地融入国际市场，成为民航全球化市场的重要组成部分。同时，规范航空运输市场的法律法规体系基本建立并比较完善，政府宏观调控更加规范并符合市场经济的要求，政府的监管方式和手段也更加成熟。这里要特别指出的是，放松管制并不是取消政府管理。美国在放松管制后，政府也不是撒手不管。航空公司仍须在政府允许的价格浮动范围内定价，每天两次报运输部。因此在基本完成市场化改革后，政府职能部门仍然要依法对全行业实施管理。

### 四、民航市场化的主体

计划经济体制曾对我国民航的发展起到重要的作用。然而随着社会的进步，经济的发展，它已经成为制约发展的障碍。特别是改革开放以来，旧的体制与国家统一的大市场和正在发展的国内航空运输市场产生尖锐矛盾。行业和企业的发展都需要市场化。不走市场化的路子，行业就不能发展，企业就没有出路。这是不以人们的主观意志为转移的规律。政府推行市场化政策，正是顺应这一必然趋势，为企业走向市场创造必要的条件。因此决定民航市场化的是民航生产力发展的客观要求，也是企业发展的要求。

（一）民航市场化运行的主要力量是企业

市场化是动态概念，是在运行中实现的，而运行的主体或主要力量正是企业。企业启动市场化的运行，并从各自的利益出发，以不同的方式追逐不同的目标，形成市场化运行的合力。其间的风起云涌、跌宕起伏，最终都通过企业行为表现出来；而企业的收放进退、分合生死，又决定着市场化的进程。

（二）民航市场化持续发展的活力蕴于企业之中

目前我国尚处于社会主义初级阶段，初步建立了社会主义市场经济体制，民航市场化则刚刚开始。即使是数年后，也只能处于"基本""初步"阶段，不可能一劳永逸，需要根据宏观经济和民航生产力发展的需要持续、深入地发展，而推动持续发展的活力就在于企业。

明确企业是民航市场化的主体有着十分重要的意义。一方面，能够促使企业在正确定位中参与市场化，由被动转为主动，积极根据政策环境和市场的变化，制定发展战略，调整经营策略。同时，按照市场经济的要求改造企业，积极推进股权多元化、建立现代企业制度、转换经营机制，全面提高企业的国际竞争力。当前我国民航 6 大企业集团已经成立并独立运营，对市场化的态度是积极进取的。保持并不断加强这样的态势，就能够为民航市场化打下更扎实的基础，加快市场化进程。另一方面，能够提醒政府正确定位。市场经济与计划经济是有根本区别的。在计划经济条件下，企业一切听政府的；而在市场经济中，企业听市场的。因此政府在推进市场化过程中，一定要按照市场经济的要求，认真地服务于企业，扫清阻碍市场化的体制、政策性障碍，规范企业市场行为，监管市场运行秩序，保障市场化有序推进。

### 五、民航市场化成败的判断标准

民航市场化不可逆转，但又是十分复杂的系统工程。因此市场化过程中各种复杂因素的作用，可能导致不同的结果，至少会形成不同的经济、社会成本。过高的成本将可能导致严重的经济或社会损失。如何判断民航市场化成功与否，大致可以把握 4 个问题：

（一）国有资产是否保值增值

国有企业改革是市场化的重要环节。改革当然要付出代价，但在总体上应当有利于国有资产的增长，有利于国有经济控制力的提高。我国是社会主义市场经济体制，无论表现形式如何，国有资产都不能流失。在推进民航市场化过程中，必须从眼前与长远利益的结合上认真考虑对国有资产可能产生的冲击，确保国有资产保值增值。

（二）全行业是否有较大发展

改革开放以来，民航一直是增长比较快的行业，从经验来看，民航的增长率应当两倍于同期国民经济增长率，但近年由于种种原因有所回落。在一定的体制内，当由于政策推进的恢复型增长势头过去后，增长速度有一定回落是正常的。但市场化作为全新的经济形态或生产关系，必将对全行业资源配置和行业结构形成强有力的冲击，以新的更加合理的资源配置和行业结构，有效地刺激需求与供给，促进民航生产力发展，使我国民航的旅客运输量有较大幅度的增长。从而推动全行业有较大的发展。

小资料

统计数据显示，目前中国民航只占整个交通运输方式总量的0.55%，民航的旅客运输量只是铁路旅客运输量的1/10左右。而美国民航运输总周转量占综合交通运输总周转量的比重是9.5%。中国的机场密度是每10万平方公里只有1.4个机场，日本的密度是23.3个。即便是在中国机场最集中的华东地区，每10万平方公里也只有4.8个，而新疆及西北每10万平方公里分别只有0.6个和0.8个。未来中国航空运输的发展潜力巨大。

（三）企业特别是航空运输企业是否更有效率地增强了国际竞争力

市场化就是要发挥优胜劣汰的规律，在总体与趋势上使企业的生产能力、经济效益、整体素质等各方面有明显的提高，并集中反映在企业核心竞争力、尤其是国际竞争力的提高。之所以强调国际竞争力，是由于民航是国际性行业，航空运输市场是全球性市场。在这个意义上说，市场化就是国际化。一个国家民航企业的竞争力，往往是在国际竞争中表现出来的。没有若干具有较强国际竞争力的企业集团，就无法在市场化过程中发展民航业。

（四）社会和消费者是否获得更多的服务和利益

民航市场化必须惠及社会，这是民航市场化改革全部措施最重要和最终归宿。

总之，市场化是我国民航发展的必经阶段，也是建设民航强国的唯一途径。但是，民航的市场化并不像自由市场放开农副产品价格那么简单，无论哪个国家都十分慎重，"9.11"以后更加突出。从过去到现在，包括美国在内的各国政府从来没有完全放弃过航空运输市场管制。仅从投资的角度看，美国政府至今没有放松外资对航空运输企业投资不得超过25%的限制；日本政府至今不允许外国资本进入本国航空公司；欧盟各国对于外国资本的进入也都有十分严格的限制。这些国家的大型机场也基本上是国家或本国资本投资的。其他如企业兼并、市场准入、航线经营等方面，国家也在不同程度上以不同的形式实施管理。

**想一想**

1. 我国航空的分类有哪些？

2. 民用航空的定义是什么？

3. 通用航空的类型有哪些？

4. 中国民航的历史发展概况是怎样的？

**小资料**

民用航空部分用语的含义

航空单位，是指拥有航空器并从事航空飞行活动的机关或者单位，包括航空运输公司、飞行俱乐部、飞行部队、飞行院校等。

航空管理部门，是指对从事飞行活动的航空单位具有管理职能的机关或者单位，包括中国民用航空总局、国家体育总局、航空工业集团公司、中国人民解放军海军、空军、总参谋部陆航局等。

过渡高度，是指一个特定的修正海平面气压高度。在此高度及其以下，航空器的垂直位置按修正海平面气压高度表示。

过渡高，是指一个特定的场面气压高。在此高及其以下，航空器的垂直位置按场面气压高表示。

过渡高度层，是指在过渡高度之上的最低可用飞行高度层。

终端管制区，是指设在一个或者几个主要机场附近的空中交通服务航路会合处的管制区。

# 第二章　航空器与飞行介绍

## 第一节　民用航空器的分类和发展

### 一、航空器的分类

任何由人制造、能飞离地面在空间飞行并由人来控制的飞行物体称为飞行器，在大气层中飞行的飞行器我们把它称为航空器。而飞到大气层外的飞行器则称为航天器。

国际民航组织对航空器的定义是："指任何可以从空气的反作用力取得支撑力的机器，但这里的空气反作用力不包括由空气对地面的反作用力。"这个定义对航空器进一步作了界定，把由磁力支持在空中的车辆（磁悬浮车辆）和完全由空气吹向地面而产生地面效应而支撑离地的运输工具（气垫船、地面效应飞行器）排除在航空器之外。

航空器根据获得升力方式的不同分为两大类：轻于空气的航空器和重于空气的航空器。

由总体的比重轻于空气，依靠空气的浮力（空气静反作用力）而漂浮于空中的称为轻于空气的航空器。在这一类中又分为气球和飞艇，气球和飞艇的主要区别在于气球上不装有动力，它的飞行方向不由本身控制；而飞艇上装有动力，它可用本身的动力控制飞行的方向。

另一类航空器则本身重于空气，它的升空依靠自身与空气之间的相对运动产生的空气动力（气动反作用力）克服重力而升空。这类航空器中分为非动力驱动的和动力驱动的两类，非动力驱动的有滑翔机和风筝，动力驱动的分为飞机（或称固定翼航空器）、旋翼航空器和扑翼机三类。

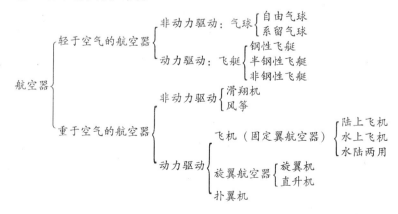

### （一）气球

气球的升力来自于一个巨大的气囊，大多数为球形。气囊中充满密度比空气小的气体，使用热空气的称为热气球，另一类使用氢气或氦气。气球上没有动力装置，因此它不能控制自己的飞行方向，自由气球随风的方向而飘移，系留气球则由绳索系留在地面。目前热气球作为一项航空体育活动，在世界上有大量的爱好者，其他类型的气球用于气象、探空等科学研究和文娱庆典活动。

### （二）飞艇

飞艇的升空原理与气球相同，但带有动力装置，它可以依靠自身动力飞向预定的目的地。由于它要长时间安全运行，因而大多数飞艇使用的气体是氦气，而不使用易燃的氢气和浮力小的热空气。在20世纪初叶，飞艇曾在航空运输中起过重要作用，特别是德国人齐柏林制造的齐柏林飞艇，在1909年开辟了汉堡到柏林的航线，是世界上最早的空运旅客的航线，到1936年出现的由齐柏林设计制造的"兴登堡"号飞艇，长245米，重204吨，可载客50人做跨大西洋飞行。

飞艇有体积大、速度慢、不灵活、易失火等缺点。因大型飞艇的不断失事和飞机的飞速发展，飞艇在二战前退出了航空运输领域。但它有留空时间长、飞行成本低、垂直起落、噪声小等优点，20世纪70年代后仍应用于巡逻、摄影、吊装大型设备及空中广告等领域。

### （三）滑翔机

滑翔机是没有动力驱动的带有固定机翼的重于空气的航空器，它的起飞要靠其他动力器械（飞机、汽车等）的拖曳或靠从高地下滑来实现，在空中靠下滑时与空气的相对运动得到空气动力或是依靠上升气流在空中飞行的。滑翔机是在飞机出现以前唯一可操纵的重于空气的飞行器。

现代的滑翔机主要应用于体育运动、训练竞赛及普及航空知识。20世纪70年代后出现的造价低廉的柔性机翼的伞翼滑翔机，使滑翔运动更普及。

### （四）风筝

风筝是最早出现的重于空气的飞行器，证明了重于空气的物体飞上天空的可能性。风筝是航空发展初期验证空气动力学的重要手段，目前多用于娱乐活动。

## （五）飞机

飞机是最主要的航空器，它的诞生正式宣告了人类进入航空时代。

莱特兄弟制作的"飞行者1号"（1903年首飞）

飞机的特征是有动力和固定机翼。因此有的分类将飞机称为固定翼航空器。自飞机出现以来，航空事业大幅前进。在民用航空器中飞机的数量占到98%以上，航空运输中其数量和完成的任务都占了绝大部分。

飞机按用途分为民用飞机（包括客机、货机、公务机、农业飞机、运动飞机）和军用飞机。

按起降场所分为陆上飞机、水上飞机、水陆两用飞机。

水上飞机能在水面上起降，也叫飞船，在20世纪的前40年，常用于越洋和短途的旅客运输。但在二战后，陆上飞机的迅速发展，使水上飞机目前只用于海上巡逻和救火。

## （六）直升机

直升机是旋翼航空器的一种，以机身上的动力驱动旋翼旋转而取得升力，能垂直起飞和降落，它的航行方向由旋翼平面向某个方向的倾斜来控制。

直升机的概念出现得比较早，我国的玩具竹蜻蜓可算作直升机的雏形，意大利的达·芬奇在15世纪就设想并画出了直升机的设计草图，但真正投入使用的直升机出现在1936年的德国，1942年在美国进行了批量生产。

直升机可以垂直起飞降落，不需要很大的场地，并可以空中悬停，这种特有的灵活性使直升机在民用航空中得到了广泛的应用。直升机可用于短距离的繁忙地区之间和无路到达地形险峻的地区之间的运输，用于医疗救护、地质探测、农业飞行、森林防火、海上采油、吊装设备等方面。

但和飞机相比，直升机航程较短，使用费用高，振动大，载荷小。因而它只能用于某些特定用途，作为飞机的补充而不能成为民用航空的主力机种。

## （七）旋翼机

旋翼机在机身上方也有一个巨大的旋翼，同时前方或后方装有螺旋桨，和直升机最主要的区别在于它的旋翼不用动力驱动，是用动力驱动螺旋桨推动机身向前运动。由于旋翼和迎面气流的相互作用使旋翼产生升力，从而升上天空。旋翼机出现在1923年，由于只能短距离起落，灵活性不如直升机，其他性能又和有固定翼的飞机相距甚远，目前只用于体育活动。

## （八）扑翼机

扑翼机是人类模仿鸟类飞行而制造的，是机翼可以上下扑动的航空器，由于控制、材料、结构方面遇到的各种困难，目前只处于研制试飞阶段。

由上可知，航空器虽然有多种，但在民用航空中主要使用的是飞机，很小一部分使用直升机，因而我们在以后民用航空器的讨论中主要针对民用飞机，对民用直升机也有所涉及，民用飞机和民用直升机统称为民用机。

## 二、民用飞机的分类

按飞机的用途分为：航线飞机、通用航空飞机。

航线飞机用于商业飞行，通用航空飞机用于通用航空。

### （一）航线飞机

又称运输机，分为：

$$航线飞机\begin{cases}客机（运送乘客）\\货机（运送货物）\\客货混装机\end{cases}$$

全世界的航线飞机大概有 2 万架，由航线飞机的飞行构成了一个世界范围的航空运输网，机群的价值和产值都占了民航飞机的大部分。航线飞机是民用航空运输的主体，尤其是旅客机占了大部分。以下对民用飞机的讨论主要以现代的旅客机为主。

1. 按航程分

远程客机：航程 >8000km 以上，可完成中途不着陆的洲际跨洋飞行。

中程客机：航程在 3000km ~ 8000km。

短程客机：航程 <3000km。

据此，又可将客机分为干线飞机、支线飞机。

干线飞机：指远、中程客机，一般用于国内干线和国际航线。

支线飞机：用于支线飞行的短程客机。

2. 按飞机发动机类型分

活塞式飞机：利用气体膨胀做功，产生推力。早期普遍使用。

喷气式飞机：通过燃油在发动机内部燃烧，使燃料的化学能转化为机械能，同时利用反作用力把气体排向后方产生推力。包括涡轮螺旋桨式、涡轮喷气式、涡轮风扇式、涡轮轴式。

3. 按发动机数量分

可分为单发、双发、三发、四发。

4. 按飞行速度分

亚音速飞机：包括低速飞机（$v < 400km/h$）和高亚音速飞机（M：$0.8 ~ 0.9$）。

超音速飞机：M > 1

目前，多数喷气客机为高亚音速飞机类型。

投入运营的超音速飞机包括苏联研制的图-144 超音速客机和英、法联合研制的"协和"号超音速客机。

原英国飞机公司和法国宇航公司联合研制的四发中程超音速客机，1969年实现首飞，1976年1月12日正式投入航线运营。当时共生产20架，其中16架投入运营，英航、法航各占8架。一直亏损运营，依靠政府补贴。航线为巴黎——纽约，伦敦——纽约。"协和"号超音速客机于2003年正式退役。

"协和"号超音速客机

超音速客机具有经济性差、航程短、噪音污染严重三大弱点，但仍被誉为世界上最安全、最快速的飞机。

5. 按客座数分

小型飞机：客座数＜100。

中型飞机：客座数100～200。

大型飞机：客座数＞200。

6. 按机身直径分

宽体客机：机身直径＞3.75m，机内有两条通道。

窄体客机：机身直径＜3.75m，机内有一条通道。

（二）通用航空飞机

1. 公务机

是指为政府的高级官员和企业的经理人员进行公务或商务活动使用的小型飞机，也称为行政用机或商务机。其载客量一般不超过15人，起飞重量在10吨以下。近年来由于跨国公司和国际交往的发展，发展较快。目前豪华、远距公务机起飞重量最大可达30吨，最大航程在5000公里以上，它的飞行性能和客机相近，有的可载客20人，也可作运输经营之用，这种公务机和客机间的界限就不很明显了。

2. 农业机

专门为农、林、牧、渔业服务的飞机，这类飞机有些是专门设计的，还有一些是由多用途飞机经改装而成的。这类飞机一般是单发动机的小型飞机，飞行速度在400公里/小时以下，飞机的仪表设备比较简单，但结构强度较高，具有良好的低空飞行性能。

3. 教练机

用于培养飞行人员，至少要有两个座位。初级教练机用于训练学员掌握飞行技术。这种飞机通常只有一个发动机，结构简单，易于操纵，学员经培训后可到通用航空的小型飞机上做飞行员。高级教练机培训是针对经初级教练机培训合格后，想进一步掌握航线飞机驾驶技术的飞行人员而设置的，高级教练机一般是两个发动机，机上的仪表设备和飞行性能和公务机相近。

4. 多用途轻型飞机

这类飞机包括用于空中游览、救护、短途运输、家庭使用、空中摄影、体育运动、个人娱乐等类飞机。起飞重量不超过 5 吨，最小的包括只有几百公斤的超轻型飞机。

### 三、民用航空器的使用概况和使用要求

目前，在世界范围内，民用航空器的 98% 以上为飞机，2% 为直升机（短途运输、农业航空、空中摄影），其他类型的航空器使用的数量极少。民用飞机种类繁多，完成着各式各样的任务。各种航空最新技术首先使用在航线飞行的飞机上，因而航线飞机的水平代表了民用航空器的最高技术水平。

对民用航空器的要求主要是安全、快速、经济、舒适及符合环保要求。

（一）安全性

安全是航空运输的首要要求，保障飞行安全是民航整个系统的任务。民航飞机的安全程度在不断提高，其中提高最大的是飞机的通信导航、电子设备和动力系统的革命性改进，使飞机对天气的依赖状况有了极大的改善，但由气象引发的事故，仍占事故中的相当部分。飞机的操纵和数据处理已进入了自动化的阶段，由发动机和机体的故障而引起的飞行事故只占事故总数的小部分，目前事故的大部分是由人为因素造成的，解决飞行安全的研究主要集中在对人和飞机之间的界面及驾驶舱的设计和改进上，自动化使驾驶员的工作负荷大为降低，现在飞机的事故率已经降至汽车的1/20，火车的1/10，但安全性始终是航空运输要处理的首要问题。

（二）快速

自从喷气客机在 20 世纪 50 年代进入航空运输业以来，大型民航飞机的速度稳定在高亚音速范围（800～1000 公里/时），进一步提高速度遇到了音速的限制。

60 年代末，英法联合研制了"协和"号飞机，苏联生产了图-144 超音速客机，它们的速度都达到 2 倍音速（2200 公里/时）以上。这两种飞机在 20 世纪 70 年代初投入运营后，后者因技术问题无法解决停止了航行，"协和"号飞机一直使用到 2003 年，但是由于运行费用过高，环境污染问题解决不佳，在一次飞行事故后退出了航线。

展望未来，超音速客机必将在经济性提高和环境污染减少之后大量进入航线，但最快也要到 21 世纪的 20 年代。

（三）经济性

经济性是营业性飞机的主要要求，经济性不单体现在成本和耗油率上，而且要考虑飞机在整个使用寿命期间的全部成本。最新投入航线使用的波音 777 飞机通过采用全新的大推力发动机，用计算机设计，大量使用复合材料，使飞机的飞行性能及经济性有了极大提高。

（四）舒适程度

在激烈的空运市场竞争中，舒适性是重要的选择条件，目前飞机在使用空间、座位的舒适性、饮食、娱乐及乘客服务上都作了周到的安排和考虑。

（五）环保要求

主要是对噪音和排气污染的要求，不少国家都制定了噪音适航标准，噪音过大的飞

机禁进该国飞行。通过对发动机和飞机气动性能的改进，多数航线飞机都能达到这一标准。对于排气污染，目前还尚未制定排气标准，发动机和飞机制造厂商通过各种途径减少排气污染，以减少对大气层的破坏。

# 第二节　飞机的基本结构——机体

飞机的基本部分可以分为机身、机翼、尾翼、起落架、动力装置和仪表设备等几个大部分（如图所示），通常我们把机身、机翼、尾翼、起落架这几个构成飞机外部形状的部分合称为机体。

这一节我们主要讨论机体各部分的情况，动力装置和仪表设备在以后的章节中讨论。

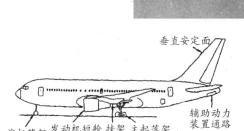

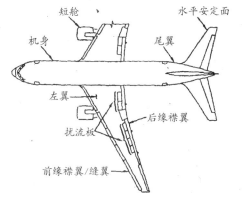

## 一、机翼

机翼是飞机产生升力的主要来源，因而它是飞机必不可少的部分，机翼除了提供升力外，还作为油箱和起落架舱的安放位置。

机翼分为四个部分：翼根、前缘、后缘、翼尖。

翼根：翼根是机翼和机身的结合部分，这里承受着机身重力及由升力和重力产生的弯矩，是机翼受力量大的部位，也是结构强度最强的部位。

翼展：机翼的翼尖两点的距离称为翼展。

翼型：机翼的剖面称为翼型，翼型要符合飞机的飞行速度范围并产生足够升力。

根据机翼在机身上安装的部位和形式，可以把飞机分为上单翼、中单翼、下单翼几种。安在机身上方的称为上单翼飞机，安在机身中部的称为中单翼飞机，安在机身下部的称为下单翼飞机。

**小资料**

目前的民航运输机大部分为下单翼飞机，这是因为下单翼飞机的机翼离地面近，起落架可以做短些，两个主起落架之间距离较宽，增加了降落的稳定性。起落架很容易从翼下的起落架舱收放，从而减轻了重量。此外发动机和机翼离地面较近，维修方便。翼梁在飞机下部，机舱空间不受影响。但是相对来说下单翼飞机干扰阻力大，机身离地高，装运货物不方便，向下的视野不好。

中单翼飞机的干扰阻力最小，气动外形是最好的，但飞机的翼梁要从机身内穿过，使客舱容积受到严重影响，因而在民航飞机中不采用这种布局形式。

上单翼布局，干扰阻力小，有很好的向下视野，机身离地面近，便于货物的装运，发动机可以安装得离地面较高，免受地面飞起的沙石的损害，因而大部分军事运输机和使用螺旋桨动力装置的运输飞机都采用这种布局。它的最大问题是起落架的安置，如果装在翼上，则起落架势必很长，增加重量；如果装在机身上则两个起落架间距宽度不够，影响飞机在地面上运动的稳定性，要增加距离，就要增大机身截面，使阻力增大。有少数民航客机采用上单翼布局。

安装角：机翼装在机身上的角度，称为安装角，是机翼与水平线所成的角度。

安装角向上或向下，就是前面所说的上反角和下反角。一般下单翼的飞机都具有一定的上反角，而上单翼飞机通常有一定的下反角，以保证有适当的侧倾稳定性。

机翼的前缘和后缘加装了很多改善或控制飞机气动力性能的装置，这些装置包括副翼、襟翼、缝翼和扰流板。

副翼：装在机翼后缘外侧或内侧，它可以上下偏转，用来操纵飞机的侧倾。

襟翼：是为了使飞机在起飞和降落时速度较低而又要保持升力在机翼上增加的活动翼面。

图为下单翼飞机的上反角

襟翼装在两侧机翼后缘，副翼的内侧，它只能向下转动一定的角度。有的类型在向下弯曲后还可以向后方伸出一段距离。

襟翼向下弯曲后，改变了机翼下表面的弯曲度，使机翼下方的气流速度降低，向后伸出的襟翼同时还增加了机翼面积，这两个因素同时使升力增加，当然阻力也有所增加。

飞机起飞和降落时都要打开襟翼，起飞时飞机要增加升力，但避免增加太大的阻力，这时襟翼通常打开的角度为15°左右，而在飞机降落时，升力和阻力都要求尽量大，使飞机能在迅速降低速度的同时保持平稳的下降和着地，这时一般把襟翼打开到最大，约 25°，当飞机在空中的速度提高到一定的程度就要收起襟翼，减小阻力。

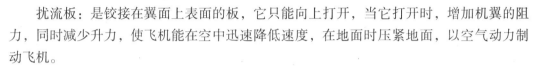

缝翼：在机翼的前缘，当它向前移动时在机翼前部出现了一道缝隙，这将使气流由翼下流到机翼的上表面，这样使上表面的气流加速，同时消除了上表面局部形成的大部分气流漩涡，使升力增加，并加大迎角，从而可以进一步提高升力，这对降落是极为有利的。

襟翼和缝翼的作用相同，统称为增升装置。

扰流板：是铰接在翼面上表面的板，它只能向上打开，当它打开时，增加机翼的阻力，同时减少升力，使飞机能在空中迅速降低速度，在地面时压紧地面，以空气动力制动飞机。

当只有一侧的翼面上的扰流板打开时，它的作用和副翼类似，使一侧的阻力上升，使飞机侧倾。

机翼的结构：由翼梁和桁条作为纵向骨架，翼肋为横向骨架，整个骨架外面蒙上蒙皮构成了机翼，翼梁承担着机翼上主要的作用力，桁条嵌在翼肋上以支持蒙皮。翼肋则保持着机翼的翼型，并支持着蒙皮承受空气动力。机翼根部和机身的接头承受着巨大的应力，因而这一部分要特别加固。

机翼内部的空间，除了安装机翼表面上的各种附加翼面的操纵装置外，它的主要部分经密封后，作为存储燃油的油箱，大型喷气客机机翼上的燃油载量占全机燃油的 20% ~ 25%。不少飞机起落架舱安置在机翼中，有些飞机的发动机装在机翼上，而大部分客机的发动机吊装在机翼下。

## 二、机身

机身是飞机的主体部分，现代民航机的绝大部分的机身是筒状的，机头装置着驾驶舱用来控制飞机，中部是客舱或货舱用来装载旅客、货物、燃油和设备，后部和尾翼相连。

机身把机翼、尾翼和起落架连在一起。

驾驶舱中装置各种仪表和操纵装置对飞机进行控制，它要求有开阔的视野，因此驾驶舱都装在机身最前方。机身头部的形状取决于驾驶舱的设计和安排。

驾驶舱后面是机舱，根据要求可以是客舱或货舱。

客舱中乘坐旅客，要考虑的问题较多。要考虑旅客的舒适和安全，除装有坐椅外，还要有通风保暖设备，有安全救生设备。在 6000 米以上的高空飞行，外界的气压太低，不能维持生命，要采用人工增加内部

图为 B747 的驾驶舱

气压的机舱，我们称为增压舱，由于增压舱受到内外不同压力的作用，机身的截面多采

用圆形或由圆弧构成的其他形状，以均匀承担这种压力差。

客舱内布置走道、厨房、厕所等旅客生活需要的空间，根据旅客数量设置相应数量的舱门、窗口和其他检修、供货的进出口。客舱的下部都留出一部分作为装载旅客行李和货物的货舱。

货舱的设置要简单得多，主要考虑装货的通畅和方便，有的货舱内装有滑轨、绞盘或起重装置。也有

图为 B777 客舱

客货型的机舱，机身的前部为客舱，后部为货舱。还有客货转换型机舱，机舱内的隔板和坐椅可快速拆装，在几个小时内把客机改装为货机，或把货机改装成客机。

机身的外形是一个两头小、中间大的流线体。头部向下收缩以扩大驾驶员视野，尾部向上收缩，来防止着陆时尾部擦地，机身中部是等截面的筒状，机身的受力主要是机翼和尾翼上传来的垂直集中载荷和尾翼上传来的侧向载荷，使机身扭转。

现代飞机机身的构造大多是由纵向金属的桁梁、桁条和横向的隔框组成骨架，外面覆盖金属蒙皮再和骨架铆接成一个整体，蒙皮也承担一部分力，这种结构称为半硬壳式结构。机身的大部分由直径相同的隔框组成，这样一方面可以使制造工艺简化；另一方面在改型时，可以方便地在机身中部加入一段或减去一段，使同一型号的飞机有很多改型。一些小型飞机使用布蒙皮，它的骨架是如桥梁一样的构架，这种结构称为构架式。

### 三、尾翼

尾翼是飞机尾部的水平尾翼和垂直尾翼的统称，它的作用是保证飞机在 3 个轴的方向具有稳定性和操纵性。

水平尾翼由水平安定面和升降舵组成，水平安定面是固定的，而升降舵可以上、下转动。水平安定面的作用是保持飞机飞行纵向的稳定，升降舵的运动则可以控制飞机向上抬头或向下低头运动。现代高速客机的水平尾翼做成可以整体运动的，称为全动式尾翼，这样可提高纵向操纵的效率。水平尾翼一般安装在机身上，但有些飞机为了避免发动机的喷气或延缓激波的产生，水平尾翼装在垂直尾翼上。

垂直尾翼由固定的垂直安定面和活动的方向舵组成，方向舵可以左、右转动，控制飞行的航向。垂直安定面的作用是当飞机受到干扰偏离航向时，它就会受到迎面气流的

力，使飞机恢复到原来的航向，保证飞机的侧向和横向稳定性。垂直尾翼有单垂尾、双垂尾、多垂尾等多种形式，但是现在的旅客机和小型飞机都采用单垂尾，一个垂尾直立于机身中线上方，这种形式结构简单，重量轻。

垂直尾翼和水平尾翼的结构与机翼的结构相似，由梁和肋组成，高速飞机的垂直尾翼和水平尾翼也如同机翼一样，做成后掠式的，以推迟激波在尾翼上的产生。

调整片是飞机二级操纵装置，在飞机的主要操纵面升降舵和方向舵上都装有的较小的铰接翼面，称为调整片，它的主要作用是调整制造误差，并且控制主操纵面上的力矩，从而减少驾驶员的操纵力矩。

### 四、起落架

起落架的作用是在地面上支撑飞机并保证飞机在起飞、滑跑和在地面上移动的运动功能，它除了承受飞机停放时的重力和运动时的动载荷外，还承受着陆时很大的冲击载荷，它影响着飞机起降时的性能和安全。

现代飞机的起落架一般包括起落架舱、制动装置、减震装置、收放装置几个部分。

（一）起落架舱

现代航线飞机为了减少空气阻力都采用可收放式起落架，起落架在飞行时收入机身或机翼的起落架舱内。通用航空中的很多小型飞机由于速度不高，为了减轻重量和降低成本采用固定的不收放的起落架，不设起落架舱。

（二）起落架的配置

起落架的配置分为前三点式和后三点式。

前三点式指主要的承重起落架（主起落架）在重心之后，机头装前起落架，后三点式则是主起落架在重心之前，尾部装尾轮或后起落架。

通用航空用的小型活塞式飞机多用后三点式，它的优点是构造简单，发动机安装方便，在起、降时迎角大，从而增大升力，缩短了滑跑距离。它的缺点是在飞机速度增大时，稳定性不好，特别是飞机着陆或中断起飞刹车时，由于惯性作用，飞机会向前倒立。

前三点式稳定性较好，同时发动机轴线基本与地面平行，对于喷气发动机可以避免炽热的喷气流喷向地面，因而大型高速飞机的起落架都采用前三点式布局。

下图的飞机哪个为前三点式？哪个为后三点式？

（三）起落架的构成形式

起落架的构成形式有多种，主要有构架式起落架、支柱式多轮起落架和摇臂式起落架。

通用航空用的小型飞机多为不可收放的构架式起落架（见图），机轮通过构架和机身或机翼固定连接。这种形式构造简单，但空气阻力很大。

在大中型航线飞机上，由于飞机起飞重量大，普遍采用支柱式多轮起落架。

上图 B747 由 4 个机轮构成一个轮式小车，B777 由 6 个机轮构成一个轮式小车，车架和减震支柱连在一起，支柱分斜支柱和扭力撑杆，斜支柱承受水平方向的力，扭力撑杆抵抗轮车的扭转而由减震器主要承受垂直方向的力。减震支柱上端的收放动筒可把起落架收起或放下，轮架和支柱采用铰接，使几个轮子上下左右可以相对运动，后部的轮架也可以绕支柱转动，以保证小车有最大的接地面积和小的转弯半径。

轮子的数量取决于飞机的重量和使用机场跑道所能承受的载荷，重量越大的飞机机轮越多，对跑道要求低的飞机相应地要增加机轮的数量。

在速度较高的小型飞机上还使用摇臂式起落架，它的机轮不直接和支柱相连，而是通过一个摇臂与主支柱相连。这种构造方式减少了减震器受弯的力矩，使减震器容易保持密封，减震效果好，但它的构造复杂，摇臂受力大，不能用于大飞机，在民航机中仅用于高速的公务机或小型支线运输机上，在军用歼击机上则被广泛应用。

（四）起落架的减震功能

起落架的减震功能由轮胎和减震器实现，轮胎按所充气压分为高压轮胎（6～10kgf/cm²）、中压轮胎（3～6kgf/cm²）和低压轮胎（2～3kgf/cm²）。低压轮胎减震效果最好，对跑道要求低，可吸收震动能量的30%以上，但体积大，一般用于支线飞机和适于低标准机场飞行的飞机。现代大型飞机都使用高压轮胎。

小型飞机上使用弹簧减震器，大型飞机一般都使用油气减震器，由汽缸活塞、连杆构成。其中活塞杆连在机轮上，而外筒连在飞机骨架上，它的作用是飞机着陆时使活塞杆向上，使液体上升压缩空气，同时液体经小孔流入活塞，当活塞杆停止向上时，气体膨胀，液体回流，使活塞杆向下，这样反复运动，使冲击能量消耗在液体流动的摩擦和气体的膨胀压缩上，从而达到减震的效果。

（五）起落架的收放装置

起落架的收放装置通常都通过液压动筒实现，有些轻型飞机采用气压或电动收放。起落架上有收起和放下的锁定装置。起落架收起时触动限位开关，使驾驶舱的起落架收放指示灯工作，同时还附有音响指示。现代化飞机在着陆时还有放下起落架警告指示，以防止驾驶员的疏漏、确保安全。

起落架还有一套独立的紧急收放系统，在紧急情况时，起落架可不依靠飞机的动力（靠重力、空气动力或机内存储的气压）放下。起落架收放在起落架舱内，起落架舱有舱门，在起落架收起和放下后，舱门都应关闭，以减少空气阻力和防止异物进入舱内。

（六）飞机的地面制动装置——刹车

飞机的地面制动装置是刹车，刹车盘装在主起落架机轮的轮毂内，刹车盘由一组随机轮转动的刹车片和一组固定在轮轴上的固定刹车片组成，每一片动片，对应一片定片，两者之间有一定间隙。在制动时通过活塞使定片压在转动片上，使机轮停止转动。由于刹车只在地面起作用，方向舵只在高速时起作用，驾驶员用脚蹬控制刹车，脚蹬在高位时控制方向舵，当脚蹬踩到下部时控制刹车。

飞机的刹车与汽车刹车相似，两边的机轮刹车力应相等，刹车应迅速反应。通常刹车放松和抱紧的作用时间都在1～2秒以内，刹车力过大，会使机轮被抱死，即机轮不转，只和地面相对滑动，这时刹车效率不会增高，且使轮胎磨损严重，因而驾驶员要用一放一刹的"点刹"来制动飞机。20世纪70年代以后的大型飞机和汽车一样使用了自动系统（防抱死机构），刹车可自动调整压力，出现抱死时就放松刹车，恢复转动后，再自动压紧，这样就不会产生抱死现象，充分发挥了刹车的效率。

前三点起落架式的飞机，前起落架上不装刹车，但装有操纵系统，由驾驶员通过踏板或手柄操纵前轮转向，以控制飞机在地面运动时的转向。

## 第三节　飞机动力装置

**小资料**

　　飞机之所以能够飞行是因为它有了向前运动的推力，从而产生飞机对气流的相对运动，这才有了升力。因此在飞行中发动机不能停车，空中停车意味着飞机丧失升力可能导致重大事故，可以说发动机相当于飞机的心脏。发动机的构造复杂，自成系统，它独立于机体，成为飞机的一个主要部分。

　　发动机制造厂和飞机的机体制造厂是分开的，如我们熟知的波音和空中客车是机体制造

厂商，同时它们也负责飞机的总体组装。普惠和罗罗则是专门的发动机制造厂商。

　　在维护工作和执照中也分为机体A和动力装置P两个不同的工种。动力装置是指为飞机飞行提供动力的整个系统，包括发动机、螺旋桨、辅助动力装置及其他附件，而其中最主要的部分是发动机。

　　航空发动机分为活塞发动机和喷气发动机两大类。

　　航空用的活塞发动机主要是四冲程汽油内燃机，它首先用于汽车上。它的重量轻，功率大，莱特兄弟就因为选用了它作为飞机的动力，才能使他们的飞行得以成功。

　　在飞机发明后的40多年中，活塞发动机加螺旋桨成为飞机唯一的动力装置。直到20世纪30年代末出现了喷气发动机，飞机的动力装置才有了第二种不同的形式。

　　现代高速飞机都使用了喷气发动机，只有在小型、低速飞机上，由于经济性好，易于维护，活塞发动机还在大量使用，在飞机上使用的发动机分类如下：

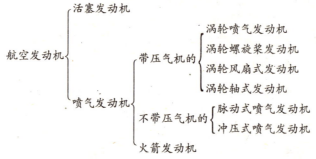

　　其中火箭发动机用于航天及军事用途，冲压式只用于3倍音速以上的飞行中，脉动式的燃油效率很低，目前没有在民航飞机上应用，因此我们只介绍民航飞机应用的两大类发动机；活塞发动机和带压气机的涡轮喷气发动机。

### 一、活塞发动机

（一）基本原理

组成：航空活塞发动机都是四冲程的，它的基本构件是汽缸、活塞、曲轴和连杆。

基本工作原理：汽油和空气混合在汽缸中燃烧，形成高温气体，气体膨胀做功，推

动活塞在汽缸中向下运动，活塞带动连杆，连杆连在曲轴上，使曲轴转动，曲轴继续转动，使活塞又向上移动，然后，再开始点火，使活塞再向下运动，这样往复不断，就把汽油燃烧的热能转化为曲轴转动的机械能，这就是活塞发动机最基本的工作原理。

为实现这一过程，发动机的动作由四个过程构成一次循环，我们称每个过程为一个冲程。

发动机每进行一次循环，活塞往复两次，经过四个冲程，因此这种发动机被称作四冲程发动机，也被称作往复式发动机。

在调控机构的调控下，一个循环接着一个循环地工作下去，发动机就连续工作了。

（二）活塞发动机的结构和系统

1. 活塞发动机多汽缸

活塞发动机要工作下去必须有一系列的系统来配合工作，单个汽缸功率不够，因为汽缸通常由于材料强度的限制不能做得太大，一个汽缸的工作也不均衡，震动很大，所以航空活塞发动机都是多汽缸的，多汽缸的工作时间错开就使得振动变得均匀，汽缸越多，功率就越大。

一般航空发动机多在5缸以上，最多28缸，功率达到4000马力。

往复运动的活塞是通过连杆和曲轴把直线往复运动变为连续的旋转，通过旋转的惯性使活塞的运动保持下去。曲轴输出的功率带动螺旋桨转动，由此产生的拉力或推力使飞机前进，曲轴还通过齿轮带动凸轮轴，由凸轮轴控制气门，使它们准确地按照顺序，配合各个冲程启动或关闭排气和进气阀门。

2. 发动机工作的燃料系统

发动机工作要有燃料系统，它由油箱、导管和进气系统组成。

进气系统有汽化器式和直接喷射式两种。汽化器使燃油雾化，在汽缸外与空气混合再进入汽缸；直接喷射系统中燃油通过喷射装置直接进入汽缸，在汽缸内与空气混合。

3. 发动机的点火系统

混合气的点燃要有点火系统，点火系统由产生高压电的磁电机和点火分配器及火花塞组成，磁电机产生的高压电通过分配器按顺序时刻分送到各个汽缸的火花塞，火花塞及时发出电火花点燃混合气体。

4. 发动机的润滑系统

为了减少机件之间的摩擦阻力，发动机配有润滑系统。润滑系统由滑油箱、滑油泵和管道组成。

滑油通过滑油泵被强制送到各个摩擦面上去润滑这些接触面，减少摩擦阻力，然后流回滑油箱发动机。

5. 发动机的冷却系统

由于在工作中积累的热量而不断升温，因而必须有冷却系统，使工作温度保持正常。

冷却系统有两类，一种是液冷式，另一种是气冷式。

　　液冷式是用汽缸外流动的冷却液（一般是水）来吸收热量，然后冷却液在散热器上由迎面来的气流带走热量，这种冷却方式的优点是发动机截面可以做得比较小，阻力较小，但结构复杂重量较重。

　　气冷式发动机的汽缸外壁上有很多散热片，汽缸迎风成星形布置，迎面气流吹过散热片带走热量，这种发动机为了提高冷却效率，迎风面积较大，阻力增大，但结构简单重量较轻。现代的航空活塞发动机以气冷式居多。

　　6. 发动机的启动系统

　　此外活塞发动机从静止状态启动需要有力量推动，早期的航空发动机也像早期汽车一样用人力启动，现代的航空发动机都装有启动系统。启动系统也有两种，一种是气动的，用压缩气体充入汽缸使发动机启动；另一种是电动的，使用一个启动电动机带动发动机使曲轴旋转。

　　有了以上各种系统的配合，航空活塞发动机就可以正常工作了。

　　（三）活塞发动机的性能

　　航空活塞发动机的性能指标，除了功率、重量等直接指标外，评价它的性能好坏还有两个重要指标，一个是燃油消耗率，即每马力小时（或千瓦小时）消耗的燃油重量，这个指标越低，说明这个发动机的经济性越好；另一个指标则是重量功率比，重量用公斤表示，功率使用马力，这个比值越低说明发动机重量轻而马力大。

　　第一架飞机上的活塞发动机的重量马力比为6.4公斤/马力，而到20世纪40年代末达到0.5公斤/马力，耗油率也从1公斤/马力小时降到0.2～0.25公斤/马力小时，这个指标比喷气发动机低。所以在低速飞行时，活塞发动机的经济性能很好，活塞发动机在20世纪50年代初已经达到成熟期，工作可靠，大修期提高到2000～3000小时一次。因而它目前仍在小型飞机和轻型直升机上广泛应用。


　　**二、螺旋桨**

　　活塞发动机不能单独驱动飞机，它必须驱动螺旋桨才能使飞机运动，因而活塞发动机和螺旋桨在一起才构成了飞机的推进系统。

　　螺旋桨是在流体中产生拉力的机构，它用于液体也用于气体中，严格地讲飞机上的螺旋桨应该称为空气螺旋桨。

　　螺旋桨由几个叶片组成，每个单独的叶片从根部到顶部扭曲，它的每一个与叶片轴线垂直的截面都相当于机翼的一个翼型，当它相对于空气运动时，空气的反作用力如同机翼的情况一样，在剖面凸出的一边空气流动快，压力小；在剖面呈直线的一边空气流动慢，压力大，这个压差形成了垂直于桨叶叶面的力，但是桨叶的运动平面和飞机的纵轴垂直，因而在螺旋桨的一侧会产生和飞机纵轴平行的拉力。

　　桨叶的叶弦相对于迎面的气流的角度是迎角，迎角的大小，影响着拉力的大小。螺旋桨的迎角从根部到顶部逐渐变小，是为了保持叶片的各段产生大致相等的拉力。虽然桨叶的各部分以同样的角速度旋转，但桨叶的根部的线速度要比尖部的线速度慢。只有将桨叶的迎角从根部到尖部逐渐减小，才能保证叶尖不受过大的力，这是螺旋桨做成扭曲形状的主要原因。

桨叶剖面的叶弦与旋转平面的夹角我们称为桨叶角，又叫安装角。

**想一想**

飞机的螺旋桨为什么做成扭曲的形状？

螺旋桨的桨叶数从两个起可多达 6 个，桨叶数越多，功率越大，一般在通用航空使用的小型飞机上多用两叶螺旋桨，而在大中型客机上使用四叶或六叶的螺旋桨。

随着飞行速度的提高，螺旋桨桨叶的合成速度向叶弦靠拢，使迎角变小，这样拉力就会减小，这时如果能使桨叶角变大，则螺旋桨的迎角就会增大到原来的有利状态。由此就产生了能使桨叶角改变的变距螺旋桨。

螺旋桨的桨距是指螺旋桨旋转一周桨上一点向前移动的距离，这个距离和桨叶角的大小成正比，因而所谓变距螺旋桨，就是桨叶角可改变的螺旋桨。对于飞行速度在每小时 200 公里以下的小型飞机由于速度变化范围不大，一般采用定距螺旋桨，桨叶角不变。这时虽然有一些拉力损失，但机构简单。而对于速度较高的大中型螺旋桨飞机，变距螺旋桨能使其效率大为提高，变距螺旋桨要加装一套变距机构，由驾驶员控制螺旋桨的桨距随飞行的状况而改变。飞行速度高时，桨叶角变大（大桨距），飞行速度低时，桨叶角变小。

此外当不需要螺旋桨产生拉力时（着陆或发动机失效），为减少阻力可以把桨叶角调在 90°左右，桨叶将顺着气流运动，也叫顺桨，这时的拉力最小。也可以使桨叶角变为负值，使螺旋桨产生反方向的拉力，阻止飞机前进，这时称为逆桨（反桨），以利于飞机在着陆时缩短降落距离。

变距螺旋桨能在飞行的各种状态下，按照具体的需要对桨距进行调节，这使发动机和螺旋桨充分发挥了效率，也保证了发动机和螺旋桨能在转速不变的情况下，改变桨距来适应飞行速度改变时对力矩的需要。

（一）恒速变距螺旋桨

由于活塞发动机转速的调控范围不大，如果能使螺旋桨保持恒速，就会使发动机的效率提高，工作状态改善。有的飞机装有转速调节器，它能自动随飞行状态的改变调节桨距。使桨距保持恒定的恒速螺旋桨是最完善的变距螺旋桨，它相当于带有自动变速器的汽车，驾驶员只需控制油门，整个推进系统就可以处于最佳工作状态。

螺旋桨是在空气中旋转获得拉力的机构，因而它不仅可以和活塞发动机配合使用，也可以和输出轴功率的喷气发动机配合使用，直升机上的旋翼和尾桨也是螺旋桨的一种。

## 二、螺旋桨飞机速度的限制

由于螺旋桨上任一点的速度都是飞行速度和旋转速度合成的，因而桨上各点的运动速度都要大于飞行速度，特别是叶尖的速度最高，因而飞行速度还低于音速时，叶尖速度就可能接近音速，在叶尖上产生激波，使阻力大增，因而装一般螺旋桨的飞机最高速度都在 800 公里/时之下。在 200～700 公里/时的范围内，螺旋桨推进的效率很高，产生推力的效率也较喷气推进的飞机大，因而在支线运输飞机上，涡轮螺旋桨飞机得到了广泛应用。

## 三、空气喷气发动机

由于螺旋桨在高速飞行时的缺点及活塞发动机在降低重量马力比上已接近了极限，因而人们为提高飞机飞行速度在动力装置上需要来一次革新才能继续前进。1939 年在德国试飞了世界上第一架喷气飞机，使飞机的动力装置打开了一个新篇章，也使人类从此进入了喷气机时代。

（一）喷气发动机的原理

喷气发动机和活塞发动机一样，通过燃油在发动机内部的燃烧使燃料的化学能转变为机械能。同时喷气发动机也和螺旋桨一样，利用反作用力把气体排向后方产生推力。因而喷气发动机既转换能量又产生推力，它本身就是一个推进系统。

我们下面分两部分，把喷气动力装置和由螺旋桨及活塞发动机组成的推进系统来比较说明。

1. 推力的产生

喷气发动机产生推力和螺旋桨产生的推力虽然都是利用反作用力，但在方式上有着根本的区别。

螺旋桨产生推力是由于螺旋桨的旋转，产生了与外界的空气相对运动，空气对螺旋桨产生反作用力，使飞机前进，这种产生推力的方式如同车辆的车轮把地面向后推，和船只用桨把水向后拨，而使车辆和船只前进的情况相同，易于被人们理解和接受。

而喷气发动机产生的推力则由发动机内的气体燃烧膨胀向后排出所产生的反作用力，使整个飞机受到向前的推力。

喷气发动机的推力产生和螺旋桨推（拉）力的产生的共同点是都依靠了反作用力，它们的基本不同点是喷气发动机的推力是依靠内部气体的排出产生的反作用力，与外部介质（空气）无关，如果不从空气中取氧，装喷气发动机的飞行器可以在无空气的外层空间中飞行。而螺旋桨的推力则依靠螺旋桨向后推动外部介质（空气），由外部介质的反作用力使飞行器向前，因而外部介质状况的改变对推力产生很大的影响。

螺旋桨飞机在高空飞行时因空气密度下降效率会受到影响，在没有空气的外层空间，螺旋桨就产生不了拉力。

2. 能量的转化

喷气发动机和活塞发动机的能量都是由燃油燃烧的热能转化为机械能的。

它们的不同在于活塞发动机的燃油是在一个封闭的空间点燃的，因而压力极大，由此推动活塞上下运动，然后再由一定的机构把往复运动变成轴的旋转运动，从而输出功率。

而喷气发动机的燃油是在一个开敞的燃烧室内燃烧，气流不断喷出，燃气的喷射速度很高，但对发动机的压力不大，不需要坚固的器壁。喷出的气流直接输出功率，不需要连杆、曲轴一类的运动转化机构。由于以上两个方面的原因，喷气发动机的结构重量比同样功率的活塞发动机要轻很多，为飞机的高速飞行提供了基础，正是由于喷气发动机的出现，才使得高亚音速和超音速飞行得以实现。

喷气发动机分两大类：一类是自带燃油和氧化剂的火箭发动机，它自给自足不依靠外界环境，因而成为航天飞行器的唯一动力形式。另一类喷气发动机从空气中取得氧气，称为空气喷气发动机，它不必自带氧化剂，从大气中获取氧气，因而只能在大气层中飞行，是喷气式航空器的动力。

空气喷气发动机应用最广的是带压气机的喷气发动机，其中最基本的形式是涡轮喷气发动机。它由进气道、压气机、燃烧室、涡轮和尾喷管几个部分组成。

（二）涡轮喷气发动机的构造

涡轮喷气发动机的基本结构如下。

1. 进气道

它的作用是使进入发动机的空气流平稳地和以稳定的流速连续进行。进气道中装有加热防冰装置，以避免潮湿空气低温下在进气道内结冰，进气道的形状是经过仔细计算和校验的，如果进气道的形状选择不当，会使进入发动机的气流不稳，严重影响发动机的工作。

2. 压气机

涡轮喷气发动机的分类：

由于压气机的形式不同分为轴流式和离心式两种。

压气机的作用是通过带有叶片的压气叶轮的旋转，使空气的压力增高，密度增大，以提高燃烧的效率，同时增加喷气速度，增加推力。

轴流式和离心式压气机的不同：

轴流式压气机是把流过的气体沿发动机的轴向经一级一级连接的压气叶轮，压缩后，送入后面的燃烧室，气流流动的路线和发动机平行，通常都经过多级压缩。

而离心式压气机则是压气机的叶轮旋转后，依靠离心力把气体压向叶轮的外缘，然后再从外缘流向燃烧室，通过轴向的尾喷管流出。因而离心式发动机的气流是由轴向→径向→轴向流动的，它的流动方向和发动机的轴线是不平行的。离心式压气机结构紧凑，但构造复杂，气流转变多，损耗较大，目前用于较小型的发动机。大型发动机都用轴流式。

轴流式压气机的构成：

　　轴流式压气机由转子和静子组成。转子是一个能高速旋转的鼓型叶轮，叶片绕整个四周安装成多排，每一排是一级，沿轴向安装许多级，一部压气机少的为5级，多的可达17级。静子是一个机匣，内部和转子各级对应装着各级的静子叶片，每级转子叶片的位置在相应的静子叶片之前。

　　转子叶片像一个短的螺旋桨叶片，转子旋转后使空气向后和向四周方向运动，空气流向静子后，静子的叶片把气流导向后一级转子，并使流速降低压力增加。

　　空气流过压气机1级就可以使压强增加15%～35%，9级压气机可以使压强增加7.14倍，增压的倍数称为增压比。由于空气受压缩，它的温度升高，压气机的出口处的气流可以提高到500K以上，为后面混合气体的点燃提供了条件。由于压气机前面压力小，温度低，而且流过的气体的体积大；后面压力高，温度高，因而它的形状前面空间大，叶片尺寸大，后面逐渐缩小。前后所用的材料也不同，前面级用铝合金，后面级为了耐高温使用耐热的合金钢。

　　压气机的整个气流必须通畅，前面进气不畅，会使后面压力降低，气流流动就会堵塞，这种现象可以使气体在压气机中往返振动，称为喘振，严重时可以导致发动机熄火，甚至使发动机机件损坏。为防止喘振，一般在压气机的中间级开有放气孔，在必要时把低压气体放出。

　　3．燃烧室

　　空气经压气机压缩后进入燃烧室，在这里有喷油雾化器把燃油雾化喷入，并由点火器点燃。

　　大型飞机发动机中最常用的环形燃烧室，一般由内外四层壳体组成，在内壁和外壁中间的两层是火焰筒，火焰筒中有喷油雾化器、点火器，气流分两股流入，一股进入火炬筒内、外壁之间，气体在这里点燃；一股流在火焰筒外室和燃烧室外壁之间起冷却作用，火焰的燃烧温度在2000℃以上，火焰筒的温度也在900℃～1000℃，使用耐热合金制造。

　　除了环形燃烧室外，还有单管式和联管式燃烧室。联管式燃烧室内有多个管状火焰筒，它们之间由联焰管连通。发动机启动后，在联焰管中的启动喷油点火器点火，混合燃气流入各个火焰筒内燃烧，有一股气流在火焰筒外冷却。单管式燃烧室则是多个独立管状燃烧室组成。各管有独立的火焰筒、喷油嘴、点火器，一般一个发动机有6个到16个单管式的燃烧室排成环形一起工作。

　　4．涡轮

　　燃气和空气由燃烧室喷出后吹向涡轮，使其高速旋转，它的作用如同一个风车，在气流作用下转动做功。涡轮转动带动压气机转动，涡轮的构造和压气机相似，也是在转动的盘上分级装上叶片，每级的转动叶片前面，在静止的外壳上装有导向叶片。气流通过导向叶片时加大速度，降低压强和温度，以适当的角度冲击工作叶片，使它转动，涡轮可以从1级到很多级，前面级承受的温度高，速度大，后面级承受的温度低，速度也低。它的构造和压气机相反，前小后大。涡轮转速高，材料受到极大的离心力。涡轮前温度越高则发动机的热效率越高，但这个温度受到材料强度和耐热性能的限制，随着耐用材料的发展，采用新型的耐热合金材料的涡轮前温度已经提高到 1400℃。

5. 尾喷管

尾喷管是圆筒状，流过涡轮后的气体从这里排出发动机，在喷口处面积缩小使排出气体的流速增加，以提高发动机推力，尾喷管中装有整流锥，使由燃烧室出来的环状气流平顺地变为柱形。在大型飞机的尾喷管内常装有反推装置，在降落时反推板打开，气流冲在反推板上，产生向后的拉力，使飞机减速，缩短滑跑距离。

涡轮喷气发动机重量轻、推力大，适于高速飞行，但它的油耗大、经济性差，目前在民航飞机上使用的已经不多了。民用航空器上主要使用的是在它的基础上发展起来的涡轮螺旋桨发动机、涡轮风扇式发动机和涡轮轴发动机。

（三）涡轮螺旋桨发动机

由于涡轮喷气发动机在亚音速飞行时经济性差，人们自然想到用涡轮输出轴功率来带动螺旋桨，这样就产生了涡轮螺旋桨发动机。它的基本构造与涡轮喷气发动机相同，但它的涡轮要带动前面的螺旋桨，这就提出了两个要求，一是由涡轮提供更多的轴功率，以带动螺旋桨，为此涡轮的级数要相应增加来吸取更多的能量；另一个要求是由于涡轮的转速很高（20000 转/分以上），而螺旋桨要求的转速很低（1000 转/分左右），因此需要加装一套减速机构二者才能连接。加装螺旋桨使发动机的长度增加，为了使发动机紧凑，不少涡轮螺旋桨发动机使用离心式压气机。

涡轮螺旋桨发动机产生的动力以螺旋桨的拉力为主，约占全部前进推力的 90%，喷气产生的推力只占 10%，因此它本质上是螺旋桨推进的飞机。

由于受到螺旋桨叶端速度的限制，飞机的飞行速度一般在 800 公里/时以下，但和活塞发动机相比，涡轮螺旋桨发动机的构造简单，维护容易。它的耗油率和活塞发动机相近，可使用航空煤油，航空煤油比活塞飞机使用的航空汽油价格低，因而经济性比活塞发动机略优。此外发动机马力可以做得很大，最大到 10000～15000 马力，活塞发动机很难做到这么大。

由于以上优点，涡轮螺旋桨发动机在中速的客机和支线飞机上已经取代了活塞发动机。许多小型飞机也在采用这种发动机。

**想一想**

涡轮螺旋桨发动机有什么优点？

（四）涡轮风扇发动机

为了使喷气式飞机能在高亚音速中实现低油耗飞行，20 世纪 60 年代出现了涡轮风扇发动机，它已经成为目前大型民航运输飞机唯一的动力装置。

涡轮风扇发动机是在涡轮喷气发动机的压气机前面又加了几级风扇而构成的，风扇由大的叶片组成，直径比压气机大，并由涡轮带动。

空气经过风扇后分成两部分，一部分在核心发动机外面流过，这个气流通道我们称之为外涵道或外涵。这部分气流受到风扇的推动向后流去，产生推力。同时也把里面的核心发动机冷却。另一部分通过核心发动机，其过程与涡轮喷气发动机完全相同，这条通路我们称为内涵道或内涵。内涵流动的气流燃烧后推动涡轮，然后从尾喷管排出产生推力，不难看出内涵的推力产生和涡轮喷气发动机完全相同，而外涵的推力产生和螺旋桨相似，只不过风扇的叶片大大缩短，并且它被装入一个有限直径的涵道

中，从而避免了螺旋桨叶尖在高速时产生激波的情况，使飞机速度得以提高。

涡轮风扇发动机由于空气流量大，因而推力大，最大的推力目前已经达到 372 千牛，空气流量达 1.7 吨/秒。

它的另一个巨大的优点是噪声低，由于涡轮风扇发动机有大量的外涵低速气流，当内涵的高速气流和外涵气流混合排出时，噪声便大为下降。

这是涡轮风扇发动机在民航飞机上取代涡轮喷气发动机的又一重要原因。

**想一想**

为什么涡轮风扇发动机在民航飞机上取代了涡轮螺旋桨发动机？

（五）涡轮轴发动机

在直升机和其他工业应用上需要一种只输出轴功率而不需要喷气推力的涡轮发动机，于是在 20 世纪 40 年代末出现了涡轮轴发动机。

涡轮轴发动机在直升机上获得了广泛的应用。和活塞发动机相比，它的结构重量轻，功率大，最大可以到 1 万千瓦，同时耗油率也在逐步下降，它燃烧的是低价的航空煤油，因而经济性能也和活塞发动机不相上下。

其缺点是制造较困难，技术复杂，减速装置比要比活塞式大，减速齿轮箱的重量较大，初成本较高。随着技术的改进，这些缺点也在克服之中。

目前在直升机动力中涡轮发动机已经占了大部分，今后它将成为直升机的主要动力形式。

**四、发动机的性能和安装**

（一）发动机的性能

1. 发动机最主要的性能是提供动力

动力有两种表示形式，如活塞发动机、涡轮螺旋桨发动机、螺轮轴发动机，它们以轴的旋转输出轴功率，功率的单位用千瓦或马力，功率在输出轴上得到。因此通常使用轴马力来表示功率，它的做功体现到螺旋桨或旋翼上。另一种如涡轮喷气发动机和涡轮风扇发动机是以推力来表示它的动力大小的，推力的单位是千牛或磅（力）。

2. 决定发动机性能是否先进的主要指标是效率

发动机产生的动能有多少用于推动飞机，这个比值称为推进效率，它和飞行速度有直接关系。

如图给出各种发动机的推进效率曲线，从中可以看出，涡轮螺旋桨发动机在 600 公里/时的飞行速度时效率最高，而涡轮风扇发动机在 900～1000 公里/时效率最高，涡轮喷气发动机在亚音速范围效率较低，而在超音速时效率较高，这就是为什么现在大多数喷气式客机采用涡轮风扇发动机的原因。

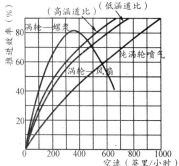

如果考虑燃油燃烧的热能转化为飞机动能的比例，这个效率称为总效率。使用飞机的部门用一个更为具体的量来代替总效率，那就是耗油率。耗油率是消耗的燃料与产生的推力之比，单位是千克（油量）/马力小时（对螺旋桨类发动机）或千克（油量）/千牛小时（对喷气推进的发动机），这个指标越低，说明飞机产生同样的功率消耗的油量越少，也就是说用同样的燃料可以飞行更远的距离，这是飞机经济性的主要指标，因而在民航飞机的选择上这是一项重要的性能指标。

3．发动机的重量要轻

在发动机的性能中另一项要求是发动机的重量要轻。重量轻的发动机可以把省下来的重量去装货或装油，从而加大飞机的运载能力或延长航程。

（二）发动机在飞机上的安装及位置

由螺旋桨推进的飞机发动机，绝大多数装在机身前段和机翼上的发动机匣之内。单发动机的活塞飞机的发动机大多装在机头部分，多发动机的螺旋桨飞机的发动机都对称地装在两翼上。这样既改善了驾驶舱的视野，又使两边螺旋桨产生的反作用力矩平衡（现代多螺旋桨飞机不采用奇数个发动机）。

喷气推进的民航飞机的发动机主要有三种安装形式：装在机翼根部或中部的短舱内，在机翼下的发动机吊舱中和在机身尾部外侧的发动机舱中。

第一种方式由于机身或机翼结构的完整性被破坏和乘客离发动机太近而受到的噪声和振动大大，在民航飞机上已经不用。

第二种方法统称为翼吊布局，是现在最通行的布置方式，它的优点是：

（1）由于机器受向上的力，而发动机的重力向下与之抵消，使机翼受力减小，因而减少了机翼结构重量；

（2）发动机进气不受干扰；

（3）飞行阻力在巡航时很小；

（4）噪声影响小。

缺点是由于发动机远离机身轴线，如果有一台发动机失控，它的偏航力矩大，飞机的航向控制比较困难。发动机离地近，容易吸入异物。

第三种方式把发动机装在尾部外侧的挂舱内称为尾吊布局，它的优点是：

（1）客舱内的噪声小；

（2）单发失效时偏航力矩小；

（3）机翼设计简单容易；

（4）可以安装奇数个发动机。

缺点是：

（1）和翼吊布局比结构重量较大；

（2）由于机身的一部分被占用，因而机身长度长；

（3）尾翼受发动机排气的影响，需要仔细安排，通常都是高平尾形式，把水平尾翼装在垂直尾翼顶部；

（4）飞机的重心靠后，因而导致机翼后移。装载时要注意配平，否则会尾部接地。

后两种布置都在大量使用，另外有的飞机如MD－11，尾部一台发动机，翼下两台，称为混合布局，但从趋势上看，翼吊布局优越性较大。

观察下面飞机发动机的安装布置方式

## 思考与练习

1. 动力驱动的轻于空气的航空器是(　　)。
   A. 飞艇　　　　　B. 气球
   C. 飞机　　　　　D. 风筝

2. 最早出现的重于空气的航空器是(　　)。
   A. 滑翔机　　　　B. 飞艇
   C. 风筝　　　　　D. 热气球

3. 航程在8000公里以上的客机称为(　　)。
   A. 短程客机　　　B. 中程客机
   C. 远程客机　　　D. 中短程客机

4. 用于国际航线和国内主要大城市之间主干航线上的客机称为(　　)。
   A. 支线客机　　　B. 干线客机
   C. 中程客机　　　D. 远程客机

5. 专门为政府高级官员和企业经理人员进行公务或商务活动使用的飞机称为(　　)。
   A. 多用途小型飞机
   B. 教练机
   C. 私人飞机
   D. 公务机

6. 大型民航飞机主起落架的结构型式是：(　　)。
   A. 构架式　　　　B. 支柱套筒式
   C. 半摇臂式　　　D. 摇臂式

7. 有些飞机的机翼尖部安装翼稍小翼，它的功用是：(　　)。
   A. 减少摩擦阻力
   B. 减少压差阻力
   C. 减少干扰阻力
   D. 减少诱导阻力

8. 下列关于机翼的说法错误的是：(　　)。
   A. 机翼是飞机升力的基本来源
   B. 机翼的翼尖两点的距离称为翼展
   C. 机翼分为翼根、前缘、后缘和翼尖四部分
   D. 翼尖是机翼受力最大的部分

9. 机翼的弦线与相对气流速度之间的夹角叫做：(　　)。
   A. 机翼的安装角　B. 机翼的上反角
   C. 纵向上反角　　D. 迎角

10. 现代飞机机身的主要结构形式是：(　　)。
   A. 构架式　　　　B. 半硬壳式
   C. 支柱式　　　　D. 框架式

11. 机翼结构的主要承力结构是(　　)。
   A. 蒙皮　　　　　B. 翼梁
   C. 翼肋　　　　　D. 桁条

12. 下列关于下单翼飞机的说法错误的是(　　)。
   A. 起落架较短
   B. 降落的稳定性好
   C. 机舱空间不受影响
   D. 干扰阻力小

13. 小型低速飞机起落架的结构形式为(　　)。
   A. 多柱式　　　　B. 摇臂式
   C. 固定构架式　　D. 小车式

14. 机翼结构的横向骨架是(　　)。
   A. 蒙皮　　　　　B. 翼梁
   C. 翼肋　　　　　D. 桁条

15. 扰流板的作用(　　)。
   A. 增加机翼的阻力
   B. 增加机翼的升力
   C. 减缓机翼上表面气流分离
   D. 加强机翼结构

16. 在飞行操纵中，副翼的主要作用是(　　)。
   A. 提供副翼偏转角
   B. 提供对飞机重心的俯仰力矩
   C. 提供对飞机重心的倾斜力矩
   D. 提供对飞机重心的偏航力矩

17. 大型高速飞机的起落架采用(　　)。
   A. 可收放前三点式
   B. 固定前三点式
   C. 固定后三点式

D. 可收放后三点式

18. 副翼的作用（　　）。
    A. 操纵飞机的侧倾
    B. 增加机翼的升力
    C. 减缓机翼上表面气流分离
    D. 缩短着陆距离

19. 起落架减震柱的作用是（　　）。
    A. 吸收撞击能量，保护飞机结构
    B. 防止飞机在地面误收起落架
    C. 防止空中收不上起落架
    D. 防止起飞时起落架舱门打开

20. 现代大型飞机起落架的配置形式为（　　）。
    A. 前三点式　　B. 后三点式
    C. 自行车式　　D. 多轮式

21. 关于刹车的说法错误的是（　　）。
    A. 刹车盘装在主起落架机轮的轮毂内
    B. 采用刹车片摩擦的方法完成刹车过程
    C. 刹车力越大越好
    D. 一般都装有防抱死系统

22. 机翼的翼展是指（　　）。
    A. 两台发动机轴线之间的距离。
    B. 从飞机对称面到右侧翼尖的距离。
    C. 从机翼一侧翼尖到另一侧翼尖的距离。
    D. 从飞机对称面到左侧翼尖的距离。

23. 机翼的弦线与相对气流速度之间的夹角叫做（　　）。
    A. 机翼的安装角
    B. 机翼的上反角
    C. 纵向上反角
    D. 迎角

24. 对飞机偏航稳定性影响最大的是（　　）。
    A. 飞机最大迎风面积

B. 水平尾翼
C. 垂直尾翼
D. 机翼的后掠角

25. 在亚音速飞行时，（　　）的推进效率最高。
    A. 活塞发动机
    B. 涡扇发动机
    C. 涡轮喷气发动机
    D. 涡轴发动机

26. 四冲程活塞发动机只有（　　）冲程是做功的。
    A. 进气冲程　　B. 压缩冲程
    C. 工作冲程　　D. 排气冲程

27. 动力装置中最主要的部分是（　　）。
    A. 发动机　　　B. 辅助动力装置
    C. 螺旋桨　　　D. 附件系统

28. 以下（　　）公司不是发动机制造商。
    A. 波音　　　　B. 罗罗
    C. 普惠　　　　D. 通用电气

29. 哪种发动机可以在太空使用（　　）。
    A. 涡轮风扇发动机
    B. 活塞发动机
    C. 冲压发动机
    D. 火箭发动机

30. 以下（　　）不属于涡轮喷气发动机的主要部件。
    A. 燃烧室　　　B. 进气道
    C. 齿轮箱　　　D. 压气机

31. 喷气推进的民航飞机发动机的安装方式中一般不采用（　　）。
    A. 机翼根部或中部的短舱
    B. 机身尾部
    C. 机身前部
    D. 机翼下

# 第三章　飞行原理与飞行性能

## 第一节　飞行基本原理

### 一、什么是空气动力？

飞机的升力主要是由机翼和空气的相对运动而产生的，任何物体只要和空气之间产生相对运动，空气就会对它产生作用力，这个力就是空气动力。

空气动力是空气相对于飞机运动时产生的，要学习和研究飞机的升力和阻力，首先要研究空气流动的基本规律。

空气动力体现在我们日常生活的各方面，最明显的就是空气对于地面的相对运动，形成了我们日常所说的风，利用风力人类制造的第一种重于空气的飞行器是风筝。

在2000多年前风筝就升上天空，但风力不受人控制，因而风筝也算不上实用的飞行器。15世纪以后，自然科学迅速发展，很多科学家对重于空气的物体的飞行作了研究。但直到18世纪，瑞士科学家伯努力对流体（包括气体、液体）运动深入研究并建立了伯努力定律后，才展示了流体运动的基本力学原理，奠定了飞机产生升力的理论基础。

### 二、飞机上作用的力

飞机上作用的力主要有两对四个力：升力——重力，推力——阻力。升力克服重力，推力克服阻力。

（一）升力

升力垂直于飞行速度方向，它将飞机支托在空中，克服飞机受到的重力影响，使其自由翱翔。

（二）阻力

阻力是与飞机运动轨迹平行，与飞行速度方向相反的力。阻力阻碍飞机的飞行，但没有阻力飞机又无法稳定飞行。本节将着重介绍几种不同的阻力。

对于低速飞机，根据阻力的形成原因，可将阻力分为：摩擦阻力、压差阻力、干扰阻力、诱导阻力。

1. 摩擦阻力

由于飞机表面上空气有黏性，气流与飞机表面发生黏滞摩擦而引起的与飞行方向相反的力，称为摩擦阻力。

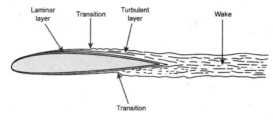

影响摩擦力的因素

摩擦阻力的大小与附面层的类型密切相关，此外还取决于空气与飞机的接触面积和飞机的表面状况。

（1）紊流附面层的摩擦阻力比层流附面层的大。

（2）与飞机的表面积成正比，飞机的表面积越大，摩擦阻力越大。

（3）飞机表面越粗糙，摩擦阻力越大。

（4）与飞行速度成正比，飞机速度越快，摩擦阻力越大。

2. 压差阻力

由飞机前方受到的动压和后方形成的低压的压力差，导致气流附面层分离产生的阻力，称力压差阻力。

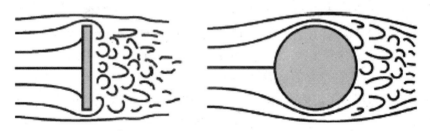

气流流过机翼后，在机翼的后缘部分产生附面层分离形成涡流区，压强降低；而在机翼前缘部分，气流受阻压强增大，这样，机翼前后缘就产生了压力差，从而使机翼产生压差阻力。

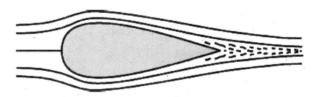

总的来说，飞机压差阻力与迎风面积、机翼翼型形状和迎角有关。迎风面积大，压差阻力大。迎角越大，压差阻力也越大。

压差阻力在飞机总阻力构成中所占比例较小。

3. 干扰阻力

飞机各部件之间，如机翼、机身、尾翼的单独阻力之和小于把它们组合成一个整体所产生的阻力，这种由于各部件气流之间的相互干扰而产生的额外阻力，称为干扰阻力。

干扰阻力与飞机各部件之间的结合状况有关。飞机各部件之间的平滑过渡和整流包皮，可以有效减小干扰阻力的大小。

4. 诱导阻力

由于翼尖涡流的诱导，导致气流下洗，在平行于相对气流方向出现阻碍飞机前进的力，这就是诱导阻力。

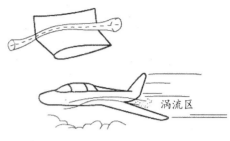

正常飞行时，下翼面的压强比上翼面高，在上下翼面压强差的作用下，下翼面的气流就会绕过翼尖流向上翼面。这样形成的漩涡称为翼尖涡。

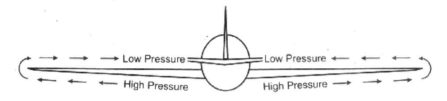

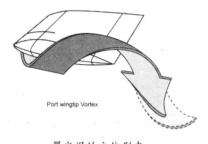

翼尖涡的立体形态

翼尖涡的形态

空气在翼尖形成漩涡，产生一个向下的下洗速度 $\omega$，使原来的相对气流速度方向发生改变，由 $v \rightarrow v'$，使升力 $L$ 偏转到 $L'$，$L'$ 的水平分量 $D$，即为诱导阻力。如下图所示：

诱导阻力是伴随着升力的产生而产生。

影响诱导阻力的因素：

（1）机翼平面形状，椭圆形机翼的诱导阻力最小。

（2）展弦比越大，诱导阻力越小。

（3）升力越大，诱导阻力越大。

（4）加装翼梢小翼可以减小诱导阻力。

（5）平直飞行中，诱导阻力与飞行速度平方成反比。

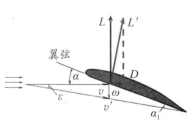

飞机上的翼梢小翼

5. 激波阻力——高速飞行的问题

对于高速飞行，除了上述四个阻力外，还产生一个激波阻力。

阻力中的激波阻力只有在飞行速度接近音速时候才会产生，这是因为声音在空气中传播的速度是空气分子压缩移动的速度，如果物体运动的速度低于音速，那么它前方的空气分子在物体到达之前就可以接收到音波传来的信号，使气流以波动形式推动前方空气；但当物体以接近音速的速度运行时，前方的气体得不到音波的推动，被急速压缩，在物体的前方形成了一层剧烈压缩的空气气层，这里气体密度急剧增加，阻力迅速加大，空气分子剧烈碰撞，使温度也迅速上升，这种现象叫激波。

也可以这样说，当物体以接近于音速飞行时，物体前方形成一层剧烈压缩的空气层，该层空气密度增加，阻力增加，空气分子剧烈碰撞，使稳定增加，称为激波。

由于激波的产生使阻力急剧上升，升力下降，这个现象，被称为音障。飞机的速度接近和超过音速时，它的推力要增大到一定程度时，才能克服激波带来的阻力，突破音障。

因而在飞机发明之后的 50 年，即 1953 年实现了超音速飞行，这时使用了推力大而重量轻的喷气发动机，并且对飞机的空气动力外形进行了符合超音速飞行规律的改造。

超音速飞机在超越音障时，由于激波的传播，发出雷鸣般的声音，称音爆。音爆对地面的生物有伤害作用，并且会造成建筑物的损害，因而只能在公海上或沙漠上做超音速飞行。此外超音速飞行的燃料消耗大大超过亚音速飞机，它的经济性能差。

1969 年英法联合研制的超音速客机投入运行，这是航空技术上的一大成就。但由于上述经济和噪声两个方面的原因，超音速客机的机队没有任何发展，在 2003 年全部退出了航线服务，这种飞机成为技术上成功而经济上失败的一个例子。在 21 世纪的前二三十年之内，超音速民航运输机还不大可能大量使用。

在高亚音速飞行的飞机上．尽管飞机的整体速度没有达到音速，但在局部区域上可能达到或超过音速，这时会产生局部激波。如在机翼上部，气流速度比飞机其他地方的速度都高，在其他部分没有达到音速时这里首先达到音速。

**典型飞机阻力构成**

| 阻力名称 | 亚音速运输机 | 超音速战斗机 | 单旋翼直升机 |
|---|---|---|---|
| 摩擦阻力 | 45% | 23% | 25% |
| 诱导阻力 | 40% | 29% | 25% |
| 干扰阻力 | 7% | 6% | 40% |
| 激波阻力 | 3% | 35% | 5% |
| 其他阻力 | 5% | 7% | 5% |

# 第二节　飞机的飞行控制

## 一、基本概念介绍

### （一）机体轴系

飞机在空中飞行，和地面运行的车辆不同，它必须考虑通过重心相互垂直的三个轴上的运动，才能完成飞行任务。飞机的三个轴如图所示。

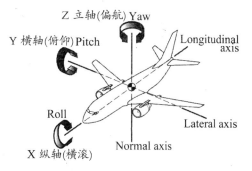

纵轴：从机头到机尾，穿过整个机身的轴，叫纵轴，也叫横滚轴；

横轴：通过重心，垂直于纵轴，伸向两翼的轴，叫做横轴，也叫俯仰轴；

立轴：与纵轴和横轴组成的平面垂直的轴，叫立轴，也叫偏航轴。

横向平面：纵轴和横轴形成的平面称为横向平面。

纵轴与垂直轴形成的平面叫纵向平面，是飞机的对称面。

### （二）飞机的运动

俯仰运动：飞机绕横轴的转动称为俯仰运动，简称俯仰。

偏航运动：飞机绕立轴的转动称为偏航运动，简称偏航。

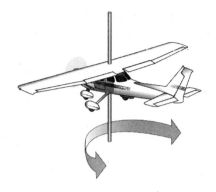

横滚运动：飞机绕纵轴的转动称为侧倾也称为横滚运动，简称横滚。

### 二、飞机的平衡

（一）平衡的概念

所有作用于飞机的外力和力矩之和都等于零，即飞机的各种合力为零时，此时飞机的状态称为飞机的平衡状态。

这时，飞机在各个轴上都不转动，只做匀速直线运动，匀速飞行。

飞机在匀速平飞时，就处于平衡状态，这时重力和升力平衡，阻力和推力平衡。如果推力大于阻力，飞机就加速飞行，推力小于阻力，飞机就减速飞行。

如果飞机做上升和下滑飞行，并保持着固定的速度和方向，这时重力会分解为两个力，与立轴平行的分力和升力平衡，与纵轴平行的力在上升飞行时与阻力相加，它们的合力与推力平衡，在下滑飞行时和推力相加，它们的合力与阻力平衡，这种速度与方向不变的飞行我们统称为稳定飞行。

（二）飞机的加速和转弯

如果飞机上的作用力不平衡，飞机将做加速或改变方向的运动。

在垂直方向上的力不平衡，如升力大于重力，由于飞机在前进，飞机将向上做圆周运动，升力和重力之差变为向心力；在重力大于升力时，做向下的圆周运动。

如果飞机侧倾时，这时飞机的升力不再垂直于地面，它的垂直分力和重力平衡，而水平分力变为向心力，使飞机向倾斜的一侧转弯，这种转弯称为侧滑转弯。因而只要飞机侧倾时，飞机就会转弯。

飞机利用方向舵也可以转弯，这时飞机不倾斜，由方向舵偏转引起的侧向力形成力矩使飞机转弯。

### 三、飞机的稳定性

（一）稳定性的概念

稳定性指物体在受到扰动后，能够产生稳定力矩使物体自身恢复到平衡状态的趋势。

读一读

　　一个稳定的系统是指这个系统受到干扰时有能力回到原来的状态，稳定的状态必然平衡，而平衡的状态不一定稳定。最简单的例子如下图所示，小球在三种情况中都是平衡的。

（a）稳定　　　　　　（b）不稳定　　　　　　（c）中立稳定

在（a）情况时，小球处于凹面中，如果有外力干扰，当外力消失后，它仍会回到原来状态，这个系统是稳定的或称为静稳定。在（b）状态小球处于凸面，只要有一点外力小球就会离开原位，不会自动回来，这种系统是不稳定的。在（C）情况下，外力干扰虽然改变了位置，但小球在各处都是稳定的，称之为随遇稳定或中立稳定。

在飞机飞行时，也有这三种情况，飞机在平飞时，如果短时间的气流干扰使它改变了飞行状态，当干扰过后，驾驶员不加操纵飞机会自己恢复了原状，就是稳定状态；如果干扰之后飞机不能恢复，而且继续偏离原来状态，这就是不稳定；如果干扰之后，飞机在新状态下保持新的平衡，这就是随遇稳定。

飞机的稳定性是指当飞机受到外力干扰偏离原来平衡状态，偏离后飞机能自动恢复到原平衡状态的能力。飞机的稳定性包括：纵向稳定性、偏航稳定性、横向稳定性。

要完成飞行任务，飞机还必须通过驾驶员的操纵改变飞行的姿态（高度、方向）达到预定的航线。飞机对操纵的反应，称作飞机的操纵性。不难看出，稳定性好的飞机，操纵性就要差一些，反过来操纵性好的飞机要丧失一些稳定性。因而根据飞机使用的目的，设计师就是在两者之间取平衡，一般说大型和民用飞机要求稳定性高一些，军用飞机则更多地考虑操纵性。

（二）飞机的纵向稳定性

飞机绕横轴（俯仰）的稳定性，称为纵向稳定性。

飞机的纵向稳定性主要由飞机的水平尾翼实现，具体说是由水平尾翼产生的俯仰稳定力矩实现。

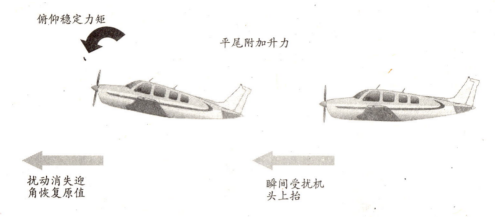

俯仰稳定力矩　　　　平尾附加升力

扰动消失迎角恢复原值　　　　瞬间受扰机头上抬

飞机的重力是通过重心的，而机翼上产生的升力的合力是作用在机身纵轴上的一点，对亚音速飞机而言，这一点在1/4弦线与纵轴的交点，这一点称为气动力中心，在飞机重心之后。如果没有其他力作用，飞机就会趋于低头，因而飞机的水平尾翼要产生一个向下的力来使飞机在纵向的力矩保持平衡，使飞机能水平飞行，所以水平尾翼在保持飞机的纵向稳定上有重要作用。

如果飞机以一定的迎角水平直线飞行，一个干扰（阵风）使飞机抬头，迎角增大，干扰之后飞机的机头方向仍保持向上，这使水平尾翼的迎角也增大，从而使水平尾翼上的升力增加，抵消了原来水平尾翼上向下的力，机头在重力力矩的作用下回到原来的迎角，经过一段时间的摆动后，飞机回到原来状态，这时水平尾翼上的迎角也回到原来状态，增加的升力消失，飞机保持原来姿态飞行。

如果干扰使机头向下，则水平尾翼的迎角减小，向下的力增加，使飞机抬头重新回到原来的位置。可以看出飞机的纵向稳定性，主要取决于飞机重力和气动中心的位置和水平尾翼的面积和它到气动中心的距离。

正常布局飞机的平尾安装角通常要比机翼安装角更小。

（三）飞机的偏航稳定性——主要由垂直尾翼实现

飞机绕立轴的稳定性，称偏航稳定性，又称方向稳定性。

飞机的飞行方向和飞机纵轴的夹角称为偏航角，在稳定飞行时飞机的纵轴和飞行方向一致，偏航角为零。而当阵风干扰时，使飞机的纵轴偏离航向，这时产生了偏航角。偏航稳定性指飞机保持偏航稳定的能力，影响偏航稳定性的主要因素是垂直尾翼。

当飞机受到干扰，机头出现了偏航角（假设向左），但当干扰消失后，相对的气流就会吹到与航向偏

斜的垂尾上，这样就产生一个向右的力，这个力产生恢复力矩，使飞机恢复到原来的航向。

飞机的速度提高，航向稳定性就会减弱，因而有些高速大型飞机的垂直尾翼做得很大，有的做成双垂尾。

（四）飞机的横向稳定性

飞机绕纵轴的稳定性，叫横向稳定性，又称侧向稳定性。

影响侧向稳定性的主要因素是飞机的上反角、后掠角和垂尾大小。

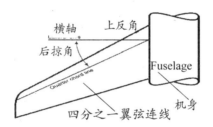

机翼与水平线形成的角度，向上的称上反角，向下的称下反角。

先来看上反角的情况，如图所示，当干扰的作用使飞机左翼抬起，右翼下沉时，这时飞机的升力就不垂直于地面，它和重力不再平衡，形成一个合力，合力指向右下方，飞机就向这个方向运动，我们称之为侧滑。

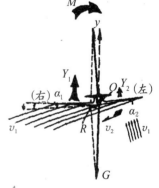

相对的气流就会吹向机翼，由于有上反角，右翼（下沉的机翼）和这股气流形成的迎角 $\alpha_1$ 要大于左翼的迎角 $\alpha_2$，因而右翼上的升力 $Y_1$ 大于左翼上升力 $Y_2$，从而产生一个使右翼上升，左翼向下围绕重心回转的力矩。经过短时间的摆动，飞机恢复原状。

反之，下反角的飞机降低侧向稳定。

后掠角是机翼前缘与机身中心线之间所夹的锐角。

有后掠角，使相对气流在机翼前缘的速度分量，在左翼和右翼大小不同，从而形成恢复力矩，使飞机恢复原有航向。

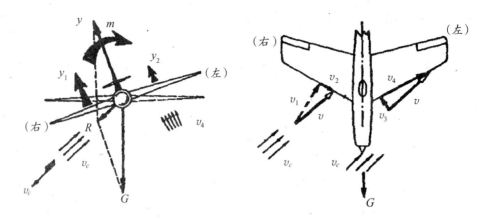

对于有后掠角的飞机，如上图所示。由于飞机侧倾，有一个侧滑运动。有相对这个方向吹来的侧风，相对风速 $v_c$ 在向下的一边机翼（右边的机翼）上分解为沿机翼的 $v_2$ 和垂直机翼的 $v_1$，同样在左边机翼上速度分解为沿机翼 $v_4$ 和垂直机翼的 $v_3$，尽管吹在两个机翼上的风速 $v_c$ 是相等的，但垂直流过机翼的风速则是 $v_1$ 大于 $v_3$。我们知道沿着机翼的风速对升力不起作用，而垂直于机翼的风速决定着升力的大小。$v_1$ 大于 $v_3$，表明这时右翼的升力大于左翼，从而产生一个力矩使飞机恢复到原来位置。

由于有侧滑的出现，垂直尾翼如同在方向稳定时一样受到侧面的风，这个风力产生的力矩作用点高于飞机的重心，因而产生恢复侧向稳定的力矩。

此外飞机在垂直平面上重心位置相对于支撑面（机翼平面）的高低也对侧向稳定起作用，正如地面车辆一样，重心高的侧向不稳定，容易翻车，上单翼飞机由于重心低，侧向稳定性高于下单翼飞机。

由于随飞机侧倾而来的横向力使飞机做圆周运动，因而侧向稳定和方向稳定是紧密地联系在一起的，两者相互影响。在设计制造飞机时，常把两者合在一起称为"横侧稳定"统一考虑。

通过上述对飞机不同稳定性的介绍，我们应知道，飞机的稳定性并非越强越好。

第一，稳定性越强，操纵飞机改变飞行状态所需要的力矩越大，因而使操纵性变差。

第二，稳定性强表明飞机受到干扰后恢复的力矩强，这就使飞机恢复原状态时摆动的强度增加，使飞机在回到正常位置时不能及时停止，要反复摆多次，这对飞机的乘员和结构都是不利的。

第三，在考虑侧向稳定时，对上单翼飞机或一些大后掠翼飞机，由于不希望有过强的侧向稳定性，而采取下反角机翼。

如果侧向稳定过强而方向稳定差，则在飞机侧倾时引起较大的方向改变，飞机会自发地周期性作侧滑、滚转和偏航运动，这种运动叫做飘摆（荷兰滚）。如果方向稳定性过强，侧向稳定性不好，飞机在方向不稳时自发地引起倾斜，飞机会自发地引起螺旋形的下降。

因而飞机的横侧稳定性要很好地配合考虑。

### 四、飞机的操纵性

飞机在不稳定气流中飞行时，经常会受到各种扰动的作用。因此为保持飞机的飞行状态，绝不能单纯依靠飞机的稳定性，任其自然，飞行员必须积极实施操纵，进行及时、必要的修正。

（一）操纵性含义

飞机操纵性，指飞机在飞行员操纵驾驶杆、脚蹬的情况下，改变其飞行姿态的特性。

飞机操纵通过三个操纵面——升降舵、方向舵、副翼进行，转动这三个操纵面，在气流作用下，对飞机产生操纵力矩，改变飞机飞行姿态。

（图为 A330 的驾驶舱）

（二）操纵性分析

纵向操纵（俯仰操纵）——由飞机升降舵实现。

飞机的俯仰操纵性是指飞行员操纵驾驶盘偏转升降舵后，飞机绕横轴转动而改变其迎角等飞行状态的特性。

操纵过程分析（以使飞机机头上仰为例）：

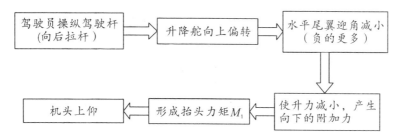

操纵示意图：

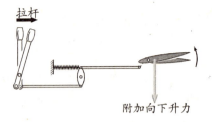

方向操纵——由飞机方向舵实现。

飞机的方向操纵是指飞行员操纵方向舵以后，飞机绕立轴偏转而改变其侧滑角等飞行状态的特性。

操纵过程分析（以操纵飞机绕立轴右转为例）：

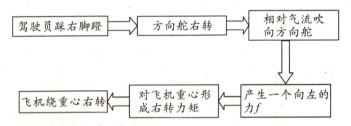

驾驶员踩脚蹬，带动垂直尾翼上的方向舵偏转，产生向右附加气动力会打破原有方向平衡，使飞机机头偏转

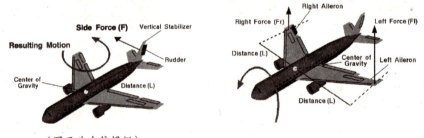

（图示为左偏操纵）

侧倾操纵——由操纵副翼实现。

飞机的横侧操纵性是指飞行员操纵副翼以后，飞机绕纵轴转动而改变其滚转角速度、坡度等飞行状态的特性。

侧倾操纵是操纵飞机绕纵轴的横向滚动。两个副翼上的不同升力差会打破原有的横侧平衡，使飞机开始滚转。

操纵过程分析（以操纵飞机向左侧倾斜为例）：

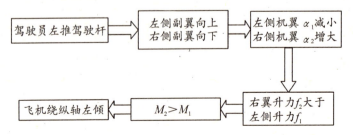

驾驶员操纵飞机主要是依靠驾驶杆和两个脚蹬来控制飞机在三个轴方向上的运动实现的。

如果要使飞机爬升，驾驶员后拉驾驶杆，方向舵抬起，飞机上仰，向上爬升，但这时重力活纵轴的分力和阻力相加，使阻力增大，必须同时增大油门加大推力才能保持飞机的空速，否则就会产生失速，丧失升力。

如要使飞机下降就要前推驾驶杆，使飞机低头，但这时重力在纵轴上的分力与推力相加，使空速加大，要采取适当措施（关小油门、减小迎角等）防止速度过大。

前面讲过使用副翼，使飞机侧倾或使用脚蹬控制方向舵，都可以使飞机转弯，那么在具体操作中如何实现飞机转向呢？

单独使用方向舵，如向右转踩右脚蹬，机头便会绕重心向右偏转，由于飞机在以一定速度飞行，这时必然会受到巨大的迎面阻力使飞机减速，进而减少了升力，使飞机向右方侧下滑，这样不仅使操纵困难，也增加了额外受力。

如果单独使用驾驶杆使飞机侧倾而使飞机转弯，如使飞机右侧倾，飞机受到由升力分解的水平方向的分力的作用，向右做圆周运动。

但是飞机的纵轴指向（即机头方向）并没有改变，如不及时使用方向舵改变方向则会同样遇到阻力产生侧下滑现象，因而在使飞机做一个"平稳协调"的转弯，必须同时使用驾驶杆和脚蹬，向右转，驾驶杆右倾，飞机右侧倾，同时踩右脚蹬使机头的方向与圆周运动的方向一致，由于在侧倾时升力的一部分分解为水平的向心力，这时必须加大油门使速度增加，保持升力的垂直分量与重力平衡，这样才能完成一次保持高度、动作平衡的转弯。

飞机的方向操纵性和横侧操纵性的关系：

蹬左舵→机头左偏→导致右侧滑→侧滑前翼升力大于侧滑后翼升力（即横侧稳定力矩）→飞机左滚。

压左盘→飞机左滚→导致左侧滑→垂尾附加侧力使机头左偏（即方向稳定力矩）。

由此可见：在操纵效果上，存在盘舵互换，但效率不高。

操纵性和稳定性是一对矛盾。操纵性好的飞机必然以稳定性下降为代价，反之亦然。对于军用飞机往往强调操纵性，以利于战斗机动，相比之下，民航机就更着重稳定性，使飞行更加舒适平稳。所以，在设计上要综合考虑这一对矛盾，根据使用目的，使二者达到平衡。

**想一想**

1. 驾驶员对飞机的操纵如何协调各轴运动，以保持飞机的稳定性？

2. 如何理解"操纵性和稳定性是一对矛盾，操纵性好的飞机以稳定性下降为代价"？

3. 为什么"军用飞机要求操纵性好，民航飞机更注重稳定性"？

# 思考与练习

1. 当飞机的空速增大时，（　　）。
   A. 飞机的升力增大，阻力降低
   B. 飞机的升力增大，阻力也增大
   C. 飞机的升力降低，阻力也降低
   D. 飞机的升力降低，阻力增大

2. 当机翼接近失速迎角时，其特征错误的是：（　　）。
   A. 增加迎角却使升力减小
   B. 飞行操纵系统操纵更加容易
   C. 增加迎角却使空速减小
   D. 失速警告装置发出警告信号

3. 失速的特征是：（　　）。
   A. 升力降低，阻力增加
   B. 升力增加，阻力降低
   C. 升力增加，阻力增加
   D. 升力降低，阻力降低

4. 飞机迎角处于（　　）情况时，飞机会失速。
   A. 飞机迎角大于临界迎角
   B. 飞机迎角小于临界迎角
   C. 飞机迎角等于临界迎角
   D. 与临界迎角无关

5. 机翼前缘同机身轴线的垂直线之间的夹角称为：（　　）。
   A. 机翼的安装角
   B. 机翼的上反角
   C. 机翼的掠角
   D. 迎角

6. 当翼型升力增大时，阻力将：（　　）。
   A. 减少
   B. 不受影响
   C. 也增大
   D. 在升力变化时增大，但将回到它的原始值上

7. 飞机的重心位置对飞机的（　　）产生

影响。
   A. 纵向稳定性
   B. 方向稳定性
   C. 横侧稳定性
   D. 不影响稳定性

8. 机翼上反角对围绕飞机（　　）的稳定性产生最大影响。
   A. 纵轴
   B. 立轴
   C. 横轴
   D. 横截轴

9. 一架飞机绕它的纵轴进行横侧操纵时，是通过操纵（　　）。
   A. 升降舵来实现的
   B. 副翼来实现的
   C. 方向舵来实现的
   D. 上述操纵面中的两个组合来实现的

10. 一般飞机的升降舵是用来提供飞机绕（　　）转动的？
    A. 纵轴　　　　B. 横轴
    C. 方向轴　　　D. 立轴

11. 飞机的升力与飞机（　　）。
    A. 飞行速度成正比
    B. 飞行速度无关
    C. 飞行速度的平方成正比
    D. 飞行速度的三次方成正比

12. 飞机的升力与（　　）。
    A. 空气密度成反比
    B. 空气密度成正比
    C. 空气密度无关
    D. 空气密度的平方成正比

13. 升力系数与哪些因素有关？（　　）。
    A. 只与翼剖面形状有关
    B. 只与迎角有关
    C. 与翼剖面形状和迎角有关

D. 与翼弦有关

14. 在飞行操纵中，方向舵的主要作用是：
（　　）。

A. 提供方向舵偏转角

B. 提供对飞机重心的俯仰力矩

C. 提供对飞机重心的倾斜力矩

D. 提供对飞机重心的偏航力矩

15. 飞机在空中飞行时，保持飞行姿态不变的条件是：（　　）。

A. 作用于飞机的所有静平衡力之和等于零

B. 作用于飞机的所有静平衡力矩之和等于零

C. 作用于飞机俯仰力矩之和等于零

D. 作用于飞机倾斜力矩之和等于零

16. 对飞机方向稳定性影响最大的是：（　　）。

A. 飞机最大迎风面积

B. 水平尾翼

C. 垂直尾翼

D. 机翼的后掠角

17. 影响飞机纵向稳定性的因素有：（　　）。

A. 飞机的副翼

B. 飞机的方向舵

C. 飞机襟翼

D. 飞机的水平尾翼和飞机的重心

# 第四章 航空器活动的环境及导航

## 第一节 大气层

大气层是各种航空器活动的舞台，大气层的各种现象和空气运动对航空器的活动有重要影响，因此我们要对大气层的性质和它的内部产生的各种现象有基本了解。

### 一、大气层的构造

大气层分为对流层（变温层）、平流层（同温层和中间层）

（一）对流层

思考：大家有没有注意我国的飞机场的跑道是什么方向的，为什么？

这一层是航空器活动的主要区域。由于热气流要上升，在这一层中空气不仅水平流动而且垂直流动，所以称为对流层。该层是离地面最近的一层，同时由于离地面越远，大气的温度也越低，因而这一层也叫做变温层。由于地球在不用纬度的引力不同，因此在不同纬度，对流层的高度也不尽相同。赤道最高（17～18公里），两极较低（8～9公里），夏季高于冬季 。该层特点：一是高度增加，温度下降；每增加1000米，温度降低6.5℃。对流层中，空气的热量来自于地面而不是太阳的照射，因此随高度增加温度下降。二是风向风速经常变化，太阳对地面照射不同，使得各个地方的气温、密度和压力有所不同，因此形成了不同的风向和风速。三是空气上下对流剧烈，受热多的空气膨胀上升，受热小的空气冷却下降，形成对流。四是气象多，由于空气中90%以上的水蒸气都在对流层，因此这一层中存在云、雨、雾、雪等所有的气象。

在对流层中飞行，会对飞机造成以下影响：

一是高度增加，温度下降，飞机结冰。改变了飞机的气动外形，包括机载设备及机上人员都要受到威胁（空调系统的作用）。

二是风速、风向改变，空气的对流，使飞机颠簸，风切变对飞机更是有巨大的危害（风的方向由向南瞬间变成向北）。

三是地球上的各种天气变化如云、雨、雾、风、雪等都出现在这一层内，云、雨、雾、雪等影响能见度。尤其是在目视飞行时（即使现在自动导航设备如此先进，但在起飞和降落的时候还是要目视协助），因此这一点对飞机的影响很大。

（二）平流层（同温层或恒温层）

这一层高度为对流层以上距地面 35 ~ 40 公里。空气在这一层几乎没有垂直流动，因而叫平流层。该层的特点为：温度基本保持不变，约为 - 56.5℃，受地面影响小；水蒸气少，因此没有云、雨、雾、雪等气象；密度小，风向稳定，没有对流，空气水平流动。

（三）中间层

思考

飞机巡航一般处于什么高度，为什么？

这一层在平流层的上部，高度为平流层以上距地面 80 ~ 100 公里。该层的特点是：空气的温度先升高后降低。

因为在大约 55 公里的高度有臭氧层的存在，它具有吸收紫外线的作用，因此温度升高。该层有风，且风速很大。

（四）民用航空器活动的大气层范围

民用航空器活动在对流层和平流层的下部，从地面算起到 18000 米高度之内，小型的喷气飞机和没有增压座舱的飞机在 6000 米以下的对流层中飞行。大型和高速的喷气客机因装有增压装置，在 7000 ~ 13000 米的对流层顶部和平流层中飞行。在这个范围内几乎没有垂直方向的气流运动，飞机飞得平稳，而且空气稀薄，飞行的阻力小，因而飞机可以以较高的速度飞行。这样的好处是节约燃料，降低飞行成本。现代民航运输的大部分活动在这一层中进行。超音速飞机和一些高速军用飞机，为了减少阻力，常巡航在 13500 ~ 18000 米甚至更高的高空。

## 二、大气物理参数

对飞行影响最大的大气物理参数是气压、温度、空气密度和音速。它们之间相互联系，随着地理纬度、季节的变化而变化。

（一）大气压力

是指空气在单位面积上所产生的压力，它来自于空气的重量，也来自于空气内部分子的热运动，因而大气压力随着高度的变化而减小，也随着温度的降低而减低。

据布朗运动的理论，大量运动着的分子连续不断地撞击物体表面，这种空气分子对物体的撞击作用即表现为大气对该物体所施加的压力，且分子的运动是不规则的。因此对于某个质点各方向上的压力是相等的。

在静止的大气中，没有沿垂直方向运动的空气，说明空气所受垂直方向的力是平衡的。即静止大气中每处的气压都与该处上空的大气气柱的重量平衡。数量上，大气压 = 物体单位面积上所承受的大气气柱的重量。

思考

随着高度的增加，空气压力如何变化？

大气压有两种表示方法，一种是用汞柱的高度表示，另一种是用通用的压力单位帕斯卡（Pa）。它们之间的关系是：

1 毫米汞柱（mmHg）= 133.32 Pa

例如在海平面的标准气压为 760 毫米汞柱，则为 101325 Pa。

此外在航空气象上还经常使用毫巴和英制单位：磅/英寸$^2$（psi）

1 毫巴 = 100 Pa          1 psi = 6894.4 Pa

用这些单位表示的标准气压为 1013.25 毫巴或 14.7 psi。大气压力随着高度的增加，基本上呈线性下降，航空器一直在使用这个规律来确定飞行的高度。

（二）空气的密度

空气密度是指单位体积内的空气质量。我们知道气体的密度和它的温度、压力之间的关系由气态方程式所决定，因此知道了大气的压力和温度，空气的密度也就确定了。大气的压力和温度都随着高度而下降，因而空气密度也随高度而下降，而且下降的速度比压力和温度要快。空气的密度如同人口密度一样，人口密度越大，单位体积内人口的数量就越大，空气密度越大，单位体积内空气分子的数量就越多，反之越少。

（三）大气的温度

大气温度是指大气层内空气的温度，它表示着空气分子受热的程度。

据布朗运动理论，气体的温度越高，空气分子不规则运动越快，分子的平均动能越大。反之类似。

我国常用℃（摄氏温度）来表示大气温度，少数国家和地区用 F（华氏温度）。两者换算关系：

$$F = \frac{9}{5}℃ + 32$$

在有些科研飞行中使用绝对温度（K），绝对温度和摄氏温度之间的关系为：

$$K = 273 + ℃$$

在对流层，大气的温度随着高度的增加而线性下降，大约每升高 1000 米温度下降 6.5℃。到达同温层后基本保持不变，在标准大气条件下，在 11000—26000 米的高度，空气温度均保持在 -56.5℃。

（四）音速

音速是指声音在静止的空气中传播的速度。它受大气的温度和密度的影响。温度高，音速大；密度高，音速也大，因而在对流层中音速随高度而减小，在同温层中，由于温度不再变化，空气密度变化很小，对音速的影响不大，这时音速也基本保持不变。音速的单位为米/秒（m/s）。

### 三、密度（$\rho$）、温度（$T$）、压力（$p$）和音速（$v$）随高度（$h$）的变化

（一）温度

由于地球引力的作用，在地球的周围包围着厚厚的大气层，根据大气层中各个高度的特性的不同，将大气层分为对流层、平流层、中间层、电离层和散逸层。

因为飞机一般在低于 35 公里的高度飞行，即在对流层和平流层飞行，因此对于温度随高度的变化，我们更关心的是这两层。

在 11 公里以下，每升高 1 公里，温度下降 6.5℃，这一层称为对流层。

在 11 公里到 35～40 公里的距离称为平流层，在这一层，空气的温度不会随高度的升高而升高，一般保持在 -56.5℃。因此这一层又称为恒温层。

在平流层外到大约 80～100 公里的高度，空气的温度先升高后降低。这一层称为中间层。

因为在大约 55 公里的高度，有臭氧层的存在，它具有吸收紫外线的作用，因此温度升高。由于该层温度已经高到将空气分子电离的程度，所以该层空气分子具有导电的作用。

中间层以外到大约 800 公里的高度，温度随高度增加而升高，且温度很高。称为电离层。

（二）密度

虽然温度随高度的增加有诸多的变化，但是，地球外层空气的存在是因为地球的引力将其包围在自己的周围，因此随着高度的增加，地球对空气的引力将下降，即随高度的增加，空气就会越稀薄。

而密度是单位体积空气的质量，因此随高度的增加，空气的密度就会减小。

（三）压力

前面讲到，大气压力是物体单位面积上所承受的大气柱的重量。那么，随高度的增加，单位面积上所承受的大气柱的重量降低，所以大气压随高度的升高而降低。

三者随高度的变化，对飞行有很大的影响。如飞行高度太高，空气密度很小，发动机的效率就会很低（发动机燃烧需要氧气）；飞行高度太高，空气压力很小，对飞机结构、机载设备、机上人员都是很大的威胁。

## 四、国际标准大气和飞行高度的确定

（一）国际标准大气的规定

大气的各种物理参数随着地理位置、地形、季节的不同而不同，因此航空器的飞行性能在不同的地点、季节、高度有不同的表现，这使得航空器的制造和使用在不同的条件下有不同的结果，给使用者带来麻烦，因此必须有一个统一的标准在世界范围内统一比较、计算。

规定的前提是以北半球中纬度地区的大气物理性质的平均值作为基础。

符合理想气体方程：$R = \dfrac{p_0}{\rho T}$

"理想"是在以下假设下的：（1）分子没有体积；（2）分子间没有引力。

其中 $p$——气压；$\rho$——空气密度；$T$——气体的绝对温度；$R$——气体常数。

海平面的高度为零，在海平面，空气的标准状态是：

气压：$p_0 = 10.13 \text{N/cm}^2$

气温：$t_0 = 15℃$

密度：$\rho_0 = 1.225 \text{Kg/cm}^3$

（二）飞行高度的确定

飞机的高度表是根据气压来确定高度的，在飞行的不同阶段，使用不同的气压标准来确定高度。

1. 场压高度（QFE）

机场当地海拔高度的气压高度为零，飞机高度表上表示出来的高度就是机场上空的相对高度距离，即场压高度。

飞机在起飞和降落时，必须知道和机场之间的相对高度，以确保高度表指示出与机场地面及地面障碍物之间的距离，因此要使用场压高度。飞机在起飞、降落前需要根据当地的气压数据进行调零。

2. 海平面气压高度（QNH）

以当地实际海平面的气压数据作为高度的基准面，飞机高度表上表示出来的高度就是飞机的实际海拔高度，即海平面气压高度。

飞机在爬升和下降阶段需要知道它的真实海拔高度，以便通过航图确定和下面地形之间的高度距离，因此需要海平面气压高度。

3. 标准气压高度（ISA）

以国际标准大气的基准面得到的高度称为标准气压高度。

飞机在巡航阶段，为了使空中飞行的各航空器有统一的高度标准，避免因高度基准不同而导致的垂直间隔不够而出现故障，因此使用标准气压高度。

# 第二节　影响飞行活动的天气情况

**小资料**

2008年5月12日在四川汶川发生8级特大地震，地震发生后直升飞机救援承担了相当重的任务。5月31日下午1点，根据成都军区抗震救灾联合指挥部命令，成都军区陆航团派出三架直升机从成都凤凰山机场起飞执行运送任务。14点20分，任务完成后，三架直升机从理县按预定飞行高度和路线返航。由特级飞行员邱光华机长驾驶的米－171运输直升机在飞经汶川时，与在汶川执行任务的另一架直升机会合，两机目视跟进飞行至汶川县映秀镇附近时，局部气候骤然变化，遭遇低云大雾和强气流，双机随即采取上升高度、拉开距离的飞行方法。

成都军区某陆航团飞行技术检验主任特级飞行员介绍说："他（邱光华机组）是从理县过来的。我一起飞他就跟我联系上了。联系以后，我问他高度和位置，他说快到汶川了。我说高度多少，他说2200米。到了草坡乡侧方，我问他能不能看到我，他说不能。我就说我保持速度120，你保持180的速度向前追。他说好。过了一分半钟左右，他告诉我，我能隐隐约约看到你。我说你继续保持这个速度，到银杏侧方，他说，基本赶上你了。我说那就好，我就保持速120。我说可以。过了30秒，他又问一次，速度多少，我说速度160。我说你是多少，他说是

120。这时候就失去联系了。"

此后出动4000多人搜救人员共34支队伍，展开空中和地面的拉网式搜救。经过11天的紧张搜救，才找到飞机残骸。

公元1903年12月17日莱特兄弟完成人类史上第一次以机械动力飞行之后，飞机问世已100多年了，虽然现今出厂的飞机各方面都有革命性的改进，安全性也得到极大提高，但是我们在天空里所遇到的危险天气现象，却更严重地威胁高性能飞机的飞航安全。

**小资料**

从国际民航近13年飞行事故统计来看，事故年平均为36起，近13年因气象原因造成的飞行事故共160起，年平均为12.3起，占总事故的1/3，在飞行事故9类原因中占第二位。据国内1980～1994年统计，与气象有关的飞行事故占总事故的12.2%。

最直接影响飞机操作和飞行安全之航空气象因素，大致可归纳为风、云、能见度、温度、气压、密度、降水和其他显著危害天气如飞机结冰、乱流、雷暴、颠簸、风切变、浓雾所引起的低能见度等。

## 一、风

风是由于地球运动，大气层中温度不同和大气压力不同使空气在不同方向上对流而形成的。由于空气的流动直接影响到飞机的空速，而空速又是飞机产生升力的基本条件，因而驾驶员随时都要考虑风的影响。由于风速在高速飞行中对速度影响相对较小，因而低速飞机的驾驶员需要考虑风的影响，在起飞和着陆时飞行的速度低，要更多地考虑风的影响，增加安全系数。侧风时的起落，驾驶员必须考虑侧风会使飞机的航迹偏离跑道中心线，因而必须调整飞机的航向迎向侧风一定的角度，才能使飞机不致偏离跑道，当侧风的风速大过一定速度时，则不能起降。在巡航时，顺风会使机速增加，从而使飞行的时间和燃油大量节约，因而在巡航时，驾驶员会力争在有利的风向高度上飞行。

全球大气的运动决定了地球上的主要的风。地球大气层的总体运动有三个方面：一是由于太阳的辐射造成赤道和两极的温差，低空冷空气由两极流向赤道，而在高空空气则由赤道流向两极。第二是由于地球的自转产生了对运动空气的附加力，这种力使空气运动的方向改变。第三是由于地面各位置的空气压力不同造成的压力梯度。我们在天气图上用等压线表示，空气总是从高压区流向低压区，在流动中有一些空气围绕着高压区或低压区转动就形成了气旋，这三种力量形成了地球上面的三种循环区。

第一个区域从赤道到南、北纬30°，在0°至北纬30°盛行东北信风，0°至南纬30°是东南信风。第二个区域是南北纬30°～60°之间，在这两个区域中都形成一个西风主风

带，并经常按季节出现台风等暴风雨。在纬度 60°以上地区，由于极地寒冷，空气气团下降，这里形成高压区，风向是从极点外吹去，这种常年的风向，决定了世界各地的主风向，主风向是选择机场跑道方向的主要因素之一。

　　在中等范围内，我们遇到的空气运动是由相同温度和湿度的空气组成一个整体气团的运动。在极地海洋生成的气团是冷而潮湿的，极地大陆上生成的气团是冷而干的，在热带海洋上的气团是热而湿的，热带大陆上的气团是热而干的。冷气团和热气团相交形成锋面，如果是热气团进入冷气团称之为暖锋，反之则称为冷锋，锋面运动将带来大风和气温及气压的变化。这是一种对航空很重要的气象情况，暖锋面由于热空气在行进中和冷空气相遇时向上移动，从而形成一个倾斜向上的界面，这一个界面可以延伸上百公里，因为热空气中的水分遇冷凝结，在这一带中就形成很大的雾区和雨区。一般目视飞行的飞机要避开暖锋，对于仪表飞行的飞机也要绕开暖锋形成的强降雨区。冷锋是由于冷空气移动，它移动得比热空气快，因而带来大风。同时热空气上升会带来雷雨天气和气流的颠簸，冷锋一般时间较短。

**小资料**

　　民用航空局飞航服务总台的气象人员每天按时从事地面观测，其中观测地面风为最重要观测项目之一，机场地面风数据都是实时广播和提供给管制员及航空公司使用。各机场地面风速顺风超过 10 海里/时，就需换跑道。

## 二、云

　　云是由空气中的水汽凝聚成的可见形态，从形状上可以分为积云和层云，然后按高度分为低云（距离地面 2000 米）、中云（距离地面 2000～7000 米）、高云（距离地面 7000 米以上）和垂直延伸云（从 300 米一直延伸到平流层底部）。积云是从底部一直向上延伸的，它的底部和周围都有强大的气流，因而在这些区域飞行是不稳定的，而云上面的气流是平稳的。积云中大部分都含雨，根据含水量和高度，积云也分为几种。层云中一般不含雨，按高度不同也可以分为几种。

　　云对飞行的影响主要有：云底高度很低的云影响飞机的起降；云中能见度很坏，影响目视飞行；云中的过冷却水滴使飞机积冰；云中的湍流造成飞机颠簸；云中明暗不均容易使飞行员产生错觉以及云中的雷电损坏飞机等等。

## 三、能见度

　　能见度是指观察者在白天辨认物体，在夜间辨认灯光的距离，称为有效能见度，用千米或米来表示。在空中能见度分为水平能见度、垂直能见度和斜视能见度。能见度也表示了在天空飞行的飞机之间的能见距离。因此对于目视飞行来说，能见度是允许飞行的重要依据之一，对于仪表飞行的飞机来说，尽管在空中可以用仪表和雷达判定方向，但它仍然受能见度的限制。在地面上能见度可以用地面标准作为参照物判断距离，而在空中由于没有参照坐标，因而能见度在很大程度上成为主观坐标。一般来说，能见度都是指地面能见度，主要是能见跑道的距离。

对能见度影响最大的是空中的雾和烟，其他如风沙、雨雪对能见度都有影响。

## 四、降水

天空中的降水现象包括雨、雪、雹等形式。而降水形成的雨、雪、冰雹取决于上空云层的垂直温度和地面温度分布情况。上空温度很高，下层温度不太低，形成水滴降到地面就是雨，如果下层或地面温度低时可能形成结冰，地面温度不高时会形成雪，地面温度高时可能把结冰全部融化，降下的是雨，如果上下温差大，使气流向上运动把结冰带向上方，再遇冷的水汽使冰粒增大再降下来就成为冰雹。

降水对飞行的影响有：降水使能见度减小；过冷却水滴会造成飞机积冰；降水产生的碎雨云影响飞机起飞和着陆；大雨下方容易出现较强的下降气流；大雨和暴雨能使发动机熄火；大雨恶化飞机的空气动力；降水影响跑道的使用。

小资料

1989 年 2 月 24 日晚，杭州机场一架"子爵"号飞机在夜航着陆时，由于下雨飞行员判断失误造成飞行事故。

1985 年 6 月 12 日，美国威斯康辛航空公司的一架斯维林根 sa - 226 密特洛飞机在内布拉斯加州着陆时，遇到雷雨，两台发动机因吸入大量雨水而熄火，造成飞机坠毁。

## 五、温度

飞机举升力与空气密度成正比，所以在高温下引擎效率低。空气密度与气温和气压有关，在一定气压下，气温比正常值高时，飞机起飞需要较快的速度，较快的速度就需要较长的跑道，在某些天气条件下，跑道长度不能满足飞机正常的载重量所需，只好减少飞机的载重。高空温度低，飞机引擎效率高，如果高空温度比正常值高时，所需油料更多，才能维持正常的巡航动力。在准备飞行计划时，需要高空温度数据来决定所需油料。

## 六、大气压力和空气密度

大气压力和温度决定空气密度，进而决定飞机举升力。在其他因素相同条件下，空气密度降低，飞机需要更快的速度，才能保持一定的高度。速度越快，飞机拖曳力越大，所需引擎推进力亦越大，越大的引擎推进力，所耗油料亦越多，因此高速飞行之喷射飞机需要更多的油料。

在高温下，当气压降低，密度减少时，需要较长的跑道，以获取起飞的速度。从每天综观天气图气压场的分布，在低压区，其影响更大，准备起飞计划时，更应该考虑。再如，机场海拔高度越高，其平均气压降低，平均密度亦减少，因此在设计机场时，高海拔机场需要较长的跑道，以应起飞之需。此外空气密度减小，引擎动力亦会跟着减弱，影响飞机爬升之动力，如果密度减至某一定值时，就得减轻飞机的载重量，飞机才容易起飞和爬升。

### 七、其他显著危险天气

（一）飞机结冰

飞机飞经冷却的云层或云雨区域时，机翼机尾及螺旋桨或其他部分常会积聚冰晶，多者可能厚至数厘米。哪些区域最容易使飞机结冰呢？飞机在气温0℃至-9.4℃之间进行高空飞行，机体上最容易结冰；云中最易见到的有液态水滴，尤其是积状云如积云、积雨云和层积云等，此时空中水滴常在冰点以下而不结冰仍保持液态水状态，就是所谓的过冷却水滴。飞机飞过，空气受扰动，过冷却水滴立刻结冰附着于机体上，数秒钟内机体上就会有严重的结冰；空气中若湿度大，含有过冷却水，容易构成升华作用，飞机穿越其间，空气略受扰动，迅速凝聚积冰；虽然晴空无云，但是在结冰高度层上方，气温与露点温度十分接近时，结冰之趋势仍然存在。

飞机结冰，大概可以分为飞机外表结构上的结冰和飞机内部动力组上的结冰。飞机结冰可造成几种危险，例如飞机结冰增加重量，结果减低空气动力之效能；机翼机尾结成冰壳，损坏其流线外形，致使飞机丧失抬升力；螺旋桨笼罩一层冰晶外壳，其外形改变，致丧失飞机之冲力；喷气发动机进气口结冰，可能丧失发动机之发动能力；飞机操纵面煞车及起落架之结冰，可能伤害其正常动作；螺旋桨桨叶上结冰多寡不均匀，可能失去平衡，致其转动产生摇摆现象；飞机动压管结冰，使飞行速度与高度表读数失真；飞机天线结冰，致无线电及雷达信号失灵。虽然现今飞机本身已有加温系统，可克服上述飞机结冰的问题，但是飞机仍然需要避开结冰区域以防止加温不及时而瞬间结冰，造成危险。

（二）乱流

飞机飞入对流性云区，例如积云、积雨云和层积云等，由于空气发生上、下对流垂直运动，使机身起伏不定，致乘客晕机呕吐，极感不舒适，甚至导致飞机结构损坏，造成飞机失事，现今飞机常装置雷达，避开对流性云区。然而飞机在万里无云之高空飞行，突感机身颠簸，这就是所谓的晴空乱流，通常晴空乱流发生在风向突然转变或风速突然增加或减少等地区，即所谓风切作用最大地区。冬天常在中、高纬度地区，高度9～12公里地方有一股强风带，风速可达到每秒30米以上，最大风速甚至可达到每秒100～130米，这就是所谓的喷射气流。第二次世界大战末期，美军飞机到日本上空执行轰炸任务，以及德国空军侦察机飞到地中海上空，都曾遭遇一股顶头强风，使飞机无法前进。美国芝加哥大学随即针对此现象做了研究，终于发现了喷射气流。喷射气流最初发现距离地面高度约 10 公里处，它经常绕着地球跑。乱流常是喷射气流所造成的，因为喷射气流附近风切特别大，产生乱流的机会也特别多。飞行员在起飞前，从航空气象人员所提供的气象图表数据中，预知喷射气流和乱流的位置和高度，便可回避乱流区域，必要时尚可改变其飞行高度，使飞行较为平稳、安全。

（三）雷暴雨

雷暴是在空气中有大量水汽，上下温差很大时出现，它首先形成积云，然后在云中的水汽形成雨滴下降，下降的雨和上升的热气流相撞击，产生雷电。雷暴云是一个"天气制造厂"，它能生产各式各样的危及飞行安全的天气现象——强烈的湍流、积冰、闪电击（雷击）、雷雨、大风，有时还有冰雹、龙卷风、下冲气流和低空风切变。当飞机误入雷暴活动区内，轻者造成人机损伤，重者造成机毁人亡。因此雷暴是目前航空界、气象界所公认的严重威胁飞行安全的敌人。

小资料

| | |
|---|---|
| 1990 年 3 月某日，某航空公司三叉戟 B2208 飞机在桂林机场进场时遇到雷雨云，飞机冲出跑道。 | 1997 年 5 月 8 日，某航空公司 B737 飞机在深圳机场着陆过程中遇中到大雨，飞机冲出跑道失事。 |
| 1988 年 8 月 31 日，某航空公司三叉戟 2218 飞机在香港启德机场，遇到雷雨天气，着陆不正常，冲入海中。 | 1994 年 7 月 20 日，某航空公司 B737 飞机，在昆明机场着陆过程中遇到雷雨天气，飞机冲出跑道。 |

（四）颠簸

颠簸是指大气层中空气有不稳定气流的上下运动，这种气流成为湍流，飞行在这样的气流中，飞机被抛上抛下是非常不舒服的。颠簸强烈时，飞行员操纵飞机困难，甚至暂时使飞机失去操纵，或者使飞机结构遭到破坏，造成机毁人亡的事故。颠簸使机身振颤，会使进入发动机气道的空气量显著减少，严重时会造成自动停车。强的颠簸会使机组和乘客十分疲劳，头昏眼花，恶心呕吐。特别是突然强烈颠簸，如果未系好安全带，会造成乘客伤亡。

（五）风切变

风切变是一种大气现象，是风速在水平和垂直方向的突然变化。由于速度是矢量，有大小有方向，所以风切变包括水平风的垂直切变，水平风的水平切变以及垂直风的切变。风切变是导致飞行事故的大敌，特别是低空风切变。国际航空界公认低空风切变是飞机起飞和着陆阶段的一个重要危险因素。

为什么低空风切变会有如此的危害性呢？这是由风切变的本身特性造成的。以危害性最大的微下冲气流为例，它是以垂直风切变为主要特征的综合风切变区。由于在水平方向垂直运动的气流存在很大的速度梯度，也就是说垂直运动的风速会出现突然的加剧，就产生了特别强的下降气流，被称为微下冲气流。这个强烈的下降气流存在一个有限的区域内，并且与地面撞击后转向与地面平行而变成水平风，风向以撞击点为圆心四面发散，所以在一个更大一些的区域内，又形成了水平风切变。如果飞机在起飞和降落阶段进入这个区域，就有可能造成失事。比如当飞机着陆时，下滑通道正好通过微下冲气流，那么飞机会突然地非正常下降，偏离原有的下滑轨迹，有可能高度过低造成危险。当飞机飞出微下冲气流后，又进入了顺风气流，使飞机与气流的相对速度突然降低，由于飞机在着陆过程中本来就在不断减速，我们知道飞机的飞行速度必须大于最小速度才能不失速，突然的减速就很可能使飞机进入失速状态，飞行姿态不可控，而在如此低的高度和速度下，根本不可能留给飞行员空间和时间来恢复控制，从而造成飞行事故。

据统计，风切变飞行事故都发生在300米以下的起飞和着陆飞行阶段，尤其以着陆阶段为甚，占78%。风切变说到底是一个飞机能量管理问题。如当遇到使飞机性能降低的风切变时，飞机如具有机动的能量能加速以克服风切变，就可以转危为安。若飞行高度很低，机动能量余量不足，飞机抗拒不了突然袭来的风切变，则只能失速以致坠机。反之，飞行高度较高，飞机机动能量余量较大，则往往不易发生不可抗拒的机毁人亡事故。

由于风切变现象具有时间短、尺度小、强度大的特点，从而带来了探测难、预报难、航管难、飞行难等一系列困难，是一个不易解决的航空气象难题。因此目前对付风切变的最好办法就是避开它。因为某些强风切变是现有飞机的性能所不能抗拒的。进行风切变的飞行员培训和飞行操作程序设置，在机场安装风切变探测和报警系统，以及机载风切变探测、告警、回避系统，都是目前减轻和避免风切变危害的主要途径。

小资料

| | |
|---|---|
| 1983年4月4日，中国南海石油联合服务总公司民航直升机公司空中国王-200型飞机，起飞过程中遇到低空风切变，失速坠地。 | 1991年4月25日，南方航空公司B757/2801号飞机在昆明机场进近中遇到中度风切变，飞机重着陆受损。 |

（六）浓雾

雾从原理上说是靠近地面的云，它能使能见度下降，有时甚至使能见度降为零，因此是对航空危害很大的一种气象因素。雾的形成有三个条件：一是空气湿度；二是空气中有一定数量的微粒；三是温度下降。

浓雾能使人的视力减弱，飞行员在低能见度情况下，起降时常看不清跑道。1977年3月27日在距离西北非海岸七十海里的卡纳利群岛洛罗狄奥机场发生浓雾，能见度只有500米，当时机场停满飞机，其中有荷兰航空4805班机和泛美航空1736班机，两架波音747型飞机都载满乘客正准备起飞，荷航班机在跑道上起飞时，撞上正在掉转中且尚未转入滑行道仍在跑道上滑行的泛美航空班机，结果不幸事件突然发生，造成航空史上最残酷的空难事件，有577人罹难。事后调查失事原因，认为荷航飞行员没有获得塔台起飞的许可，擅自加速起飞，可能是荷航要求起飞时，塔台回答："稍候给你起飞许可，我会再呼叫你"，荷航飞行员在无线电通话中则只听到"起飞许可"几个字句，而误以为已获得起飞许可；塔台要求泛美航空报告脱离跑道，泛美飞行员回答"脱离跑道时会报告"，塔台在无线电通话中，可能又误以为泛美班机已脱离了跑道；当时塔台要泛美在第三号斜滑道和跑道交叉处脱离跑道，那个时候第一号斜滑道被其他飞机挡住，在浓雾中看不清第一号斜滑道，泛美飞行员将第四号斜滑道误以为塔台要他转弯的"第三号斜滑道"，使得泛美班机无法及时脱离跑道。失事调查认为十几种巧合凑在一起，只要其中一项错开，就可避免这次大灾难。但最重要的是如果当时浓雾没有发生，荷航飞行员可看到跑道上的泛美飞机，也许这次大悲剧就不会发生了。

为了避免浓雾影响飞航安全，目前机场和飞机上都装有完善的仪器系统，由仪器来辅助飞机起降，同时由航空气象单位提供浓雾所引起的低能见度数据，若能见度低于起降天气标准，则将机场关闭，等待浓雾消散，能见度转好，机场再度开放让飞机起降。

**想一想**

1. 影响飞机飞行的航空气象因素有哪些？
2. 雷暴云是一个天气制造厂，为什么？
3. 云对飞行的影响主要有哪些？
4. 降水对飞行的影响主要有哪些？

# 思考与练习

1. 下列哪一项不是影响飞机飞行的大气物理参数？（　　）
   A. 气压
   B. 温度
   C. 空气密度
   D. 高度

2. 下列哪一项不是大气压的单位？（　　）
   A. 毫米汞柱
   B. 牛/米
   C. 帕斯卡
   D. 磅/平方英寸

3. 在对流层中，随着高度的增加，空气密度和音速的变化规律为（　　）。
   A. 高度增加，密度增加，音速增大
   B. 高度增加，密度增加，音速减小
   C. 高度增加，密度减小，音速增大
   D. 高度增加，密度减小，音速减小

4. 在对流层中，随着高度的增加，大气压力和大气温度的变化规律为（　　）。
   A. 高度增加，压力增加，温度增大
   B. 高度增加，压力增加，温度减小
   C. 高度增加，压力减小，温度增大
   D. 高度增加，压力减小，温度减小

5. 在平流层中，随高度的增加，以下变化规律不对的是（　　）。
   A. 压力下降
   B. 温度不变
   C. 密度减小
   D. 音速减小较快

6. 在理想气体方程 $R = p_0/\rho T$ 中，下列描述不正确的是（　　）。
   A. $R$ 为气体常数
   B. $p$ 为大气压
   C. $\rho$ 为密度
   D. $T$ 为摄氏温度

7. 在对流层中飞行会对飞机造成什么影响？

# 第五章　空中交通管理

## 第一节　概述

### 一、空中交通管理的发展阶段

第一阶段：航空活动初期，由于飞机数量很少，没有空中交通的概念，但随着商业飞行的开始，航空运输涉及的范围和人员越来越多，因而对飞行活动要求能按一定的规则来组织进行。20世纪30年代以前，飞机的飞行距离最多只有几百公里，而且只能在昼间和好天气情况下飞行，因而按照看见和可以看见的原则制定了目视飞行规则。

20世纪30年代后期，随着飞机飞行性能的提高、无线通信设备在飞机上的使用以及地面导航设备的安装，驾驶员可以在看不到地标和看到其他飞机的情况下进行飞行。在繁忙的机场，飞机活动量很大，这就需要有一个管理人员（后称为空中交通管制员，简称管制员），确保空中交通的安全有序运行。当时的管制员只是用红旗和绿旗来控制飞机的起飞和降落，但受天气和夜间的影响，很快由信号灯取代了旗帜，处于机场最高位置的塔台也相继建立。在1934年前后，机场装备了无线电收发机，一些大型飞机也装备了通信设备，管制员通过无线电和驾驶员相互通话，确保安全飞行。

第二阶段（1934~1945年）：在1934年前后，诞生了载客量在20人以上、飞行速度达到300公里/时的飞机，机上装备了无线电通信和导航设备，可使驾驶员在不用看到地面的情况下确定飞行的姿态。目视飞行规则已经很难满足需要，因而各航空发达的国家纷纷成立了空中交通主管机构，建立了使用仪表进行安全飞行的规则，并沿航路建立了航路交通管制中心。这些管制单位的任务就是接收各航站发来的飞行计划（含后来更新的内容），再根据驾驶员的位置报告将其填写在飞行进程单上，然后确定飞机间的相互位置关系，发布指令、实施管理，这种管制方法通常称为程序管制。与此同时各国的航空当局都建立了相应的规定，并建立起全国规模的航路网和相对应的航站、塔台、管制中心或航路管制中心。以程序管制为核心的空中交通管制在这一时期形成。

第三阶段（1945~20世纪80年代）：第二次世界大战带来了航空技术的飞跃进步，飞机的航程加长、载重和速度都大幅增长，迫切需要一个组织能把全世界的航空法规大体统一在一个共同的标准之下。在此背景下，1945年成立了国际民航组织。这个时期有两个重要的进展：

一是在20世纪50年代中期开始把战时发展起来的雷达技术应用于空中交通管制领

域，随后出现了二次雷达系统，可以在管制员屏幕上显示出飞机的编号、高度、速度等参数，再加上陆空通话系统的发展，促使重要的地区用雷达管制取代了系统的程序管制。随着雷达覆盖面的不断扩大，目前雷达管制已经成为空管的另一个重要手段，但雷达费用较高，因此在一些偏远地区和不发达国家，程序管制仍是空中交通管制的主要手段。

另一个大的进展是仪表着陆系统的出现，该系统使用无线电信号引导飞机在能见度和云底高度很低的情况下安全着陆，极大地提高了航班正常和飞机安全性，同时也使航空运输进一步摆脱了天气的限制。

第四阶段（20世纪80年代至今）：电子技术的飞速发展和计算机在机载设备和空管地面设施上的广泛应用。航路流量越来越大，造成机场和航路的拥挤，要充分利用航路，就要求实时地对整个地航路网和航行地大系统进行管理。卫星通信和定位技术的成熟，使得驾驶员、管制员和各种支援单位、决策机构可以实时地了解飞机的准确位置并进行通信，因而在大范围对空中交通进行管理有了实现的可能。在80年代提出了空中交通管理的综合概念，以取代空中交通管制，这一字之差表现了对空中交通管理上的范围和深度的不同。空中交通管制的目的只是保证一次航班从起飞机场经航路到达目的地机场的间隔和安全，而空中交通管理则是着眼于整个航行网上空中交通的通畅、安全和有效运行。这样空中交通管制就成为空中交通管理的一个重要组成部分。卫星和计算机网络技术在空管系统的应用，使整个空管系统和正在飞行的飞机组成一个可以实时处理的自动信息交换系统，因而可以在大范围内使空中交通按照总体的调度和安排顺利进行。从1985年开始，国际民航组织根据新技术的发展，组织了对未来航行系统的研究和规划，预计到21世纪的初叶，整个空中交通管理系统将发生重大的变化。

### 二、空中交通管理的任务和组成

空中交通管理的基本任务是使飞机能够按照原来预定的起飞时间和到场时间飞行。

其组成部分包括空中交通服务（ATS）、空域管理（ASM）、空中交通流量管理（ATFM）。

其中空中交通服务是最主要的一部分。

## 第二节　空中交通服务

与其他的空中交通运输方式一样，空中交通也要求管理和服务以保证安全和有秩序地运行为目的。由于空中交通本身所固有的一些特点，在向航空器提供服务时，有两个特殊要求：一是一旦飞机运行，它就不可能无限期地在航路上消磨或延误，中止的方式就是使航空器降落，否则将面临成本增加甚至发生事故，二是空中交通标志着一个地方的社会经济发展水平和文明程度，因而要求空中交通服务需要一个国家范围的机构大体按国际共用的准则提供服务，这两个特点之间具有强烈的关联性。

## 一、空中交通服务的目标

空中交通服务的目标包括以下几方面：

第一，考虑到空域使用现状，采用一切可用的间隔，发布指令，防止空中的航空器相撞，防止出现各种事件（差错、严重差错、危险接近等）；

第二，利用一切手段，包括使用地面活动雷达等，切实采取措施，防止飞机和障碍物（可以是地面停放的飞机等）在起飞、降落及其相关区域出现相撞等事故；

第三，对空域内飞行的航空器进行切实有效的管理，准确地掌握飞行动态，确定航空器之间的相互关系，找出事关飞行冲突调配的主要航空器，利用合理的间隔标准，及时发布指令，实现加速空中交通流量，维持良好运行秩序的目的；

第四，为了航空器的安全、有序地运行，为其提供各种建议、情报、信息，以避开危险天气及各种限制性空域；

第五，在航空器遇险或需要提供搜寻、救援服务时，通知各保障单位及时开展工作。

## 二、空中交通服务的组成

（一）空中交通管制服务（ATC）

区域管制服务：在航路上的管制；

进出管制服务：在飞机离场或到场时的管制；

机场管制服务：机场控制。

（二）飞行情报服务（FIS）

通常由区域管理制单位代替完成，但在有些地区，考虑到飞行量大、飞行组成复杂等现实情况可成立专门的机构由专门的人员从事该项工作。最常见的情报提供是航站终端自动情报通播（ATIS）。

FIS 还包括空中交通咨询服务（ATAS），它是在空中交通咨询空域内，为按照仪表飞行规则飞行的航空器，尽可能提供的一种间隔服务，它被视为从飞行情报到空中交通管制服务的一种临时性的过渡性服务。该服务目前我国暂不提供。

（三）告警服务（AS）

当航空器处于搜寻和救援状态时，涉及向有关单位发出通知，并给予协助的服务。它不是一项孤立的空中交通服务，也不是某一专门机构的业务，而是当紧急状况如发动机故障、无线电通讯系统失效、座舱失压等出现，或遭遇空中非法劫持时，由当事的管制单位直接提供的一项服务。

## 三、间隔标准（最低间隔标准）

空中交通服务的主要目的之一是保证任何两个航空器之间有足够的距离，防止航空器相互危险接近和相撞。这是空中交通管制的基础，也是空中交通管制人员的基本任务，由于航空器的航向不同，速度不同，高度不同，因此必须制定一套国际通用的航空器在空中相互距离的规定，这些规定的距离（时间）称为间隔标准，是在空中交通管制过程中将航空器在纵向、侧向和垂直方向隔开的最小距离。这些标准是最低限度的要求，因此全称为最低间隔标准。由于从事空管的人员都明白"最低"的含义，因此习惯上称为间隔标准。

在繁忙的空港上空和航路上，航空器的密度很高，合理地制定和运用间隔标准，除了首先要保证安全和有序地飞行外，也要考虑能使空中交通迅速和便利，从而保障空域使用者的经济效益。

由于空中交通管制手段不同，分为程序管制和雷达管制，这两种管制使用的间隔标准也是不同的。

间隔标准分为两类：垂直间隔和水平间隔。

## 四、飞行规则

正如地面交通有交通规则一样，空中交通有飞行规则，只有空中交通的使用者和管理者共同遵守和依据这些规则操作，才有可能保证空中交通安全有序地进行。

飞行规则分为 3 个部分：通用飞行规则、目视飞行规则和仪表飞行规则。

### （一）通用飞行规则

是各种类型飞行共同遵守的飞行规则。这些通用规则是飞行的基础，有的已经作为常识，但是在实践中仍然有很多时候因忽略这些规则而造成事故和损失。下面是主要的通用飞行规则。

1. 保护人身和财物的安全

飞行除特殊允许或紧急情况不得在稠密居民区上空飞行，机上不得下抛任何物体，不得拖曳其他物体或作特技飞行。

2. 避免碰撞

（1）航空器不得飞近到与另一个航空器有可能相撞的区域，除特殊允许，不得到禁区飞行。

（2）航路权（优先通行权）。航空器在保证安全的情况下实行右侧通行权，在超越时要按下面的情况运行：

进近时，两架飞机相向飞行，各自要向右转。

交会时，左面的航空器给右面的航空器让路。对不同类型的航空器，动力驱动的重于空气的航空器为其他航空器让路。

超越时，前方飞机拥有路权，超越者要改变高度或者向右改变方向进行超越。

降落时，空中或地面的飞机为着陆的飞机让出航路，高度高的飞机为高度低的飞机让路。

起飞时，滑行的飞机为起飞飞机让路。

在已知一架飞机处于紧急状态时其他航空器都要让出路权。

（3）机上灯光标志　飞机必须按规定装有防撞灯和导航灯。

（4）在机场附近要按机场上空规则飞行。

3．飞行计划

每次飞行都要向空管部门递交飞行计划。

4：时间

民用航空统一使用协调世界时，使用 24 小时制计时。

5．空中交通管制的要求

空管许可：飞机的管制飞行必须获得空管许可后才能进行。如果飞行人员因某些情况不能利用这个许可，可以和空中交通管制人员请求再许可。

位置报告：在空中管制飞行中在规定的报告点，航空器必须尽快报告飞越的时间、高度，在没有设定报告点的区域，飞行人员定时向空管单位报告位置。

（二）目视飞行规则

每次飞行或者执行目视飞行规则，或者执行仪表飞行规则。目视飞行规则的基础是飞机对其他飞机和地面相互能看见和被看见，因此目视飞行规则就和天气情况特别是能见度紧密相连，对于最低的能进行目视飞行的天气制定了目视飞行气象条件，在这样的气象条件下能保证目视飞行规则所要求的飞行能见度在最低云层外 1500 米。以保证驾驶员有适当的条件看到其他飞机或障碍物，避免相撞。

目视飞行规则对驾驶员的限制较少，只要求有基本的飞行和通信技能，对飞机的仪表要求也仅限于保证安全飞行的基本仪表。由于飞行在可见的条件下，目视飞行规则的防撞和间隔距离也较少，有时甚至给驾驶员一定的灵活性。对低速、低空飞行的飞机和在飞行不稠密地区飞行的飞机的限制也相应放宽。没有装备足够仪表的低高度飞行的小型飞机，都采用目视飞行规则飞行。此外在机场上空，在气象条件许可时，有时一些大型飞机也会采用目视飞行规则，目视飞行在空中交通管制中只占有工作量的一小部分。

（三）仪表飞行规则

在气象条件低于目视飞行气象条件时，装有无线电通信和定位仪表的飞机可以依靠仪表而不依靠驾驶员的视觉来飞行，这种飞行称为仪表飞行。适于仪表飞行的气象条件比目视飞行条件要低。

国际民航组织制定了相应的仪表飞行气象条件。在这种条件下，通常驾驶员看不到其他的飞机，管制员负责把这架飞机与其他飞机或障碍物间隔开来。为此规则要求进行仪表飞行的飞机必须装备规定的飞行仪表和无线电设备（起码要有姿态指示仪、高度指示仪、位置指示仪表和 HF、VHF 通信设备）。驾驶员必须在这类飞机上培训取得仪表飞行的驾驶执照后才能进行仪表飞行。

仪表飞行的整个过程处于管制员的控制之下，每次飞行都要向空中交通管制机构提交一个包括航路、速度、高度、预计飞行时间的飞行计划，管制员根据这个计划来分配航路、高度，并监控和引导飞机在空中的飞行。

仪表飞行和目视飞行可以相互变换，但是都要首先向管制员提出要求，在得到准许后变换。

### 五、通信标准

目前，空中交通服务主要是通过地面的管制员和空中驾驶员之间的无线电通话来完成的，如果在使用的频率上和通话的语言上没有统一规定，或者发生混淆，则会使整个管制过程出现混乱，造成不可弥补的损失。因此要对作为基础的通信作出严格的规定。

#### 数字和字母的读音规定

| 数字和字母 | 英语相应字 | 发音 |
| --- | --- | --- |
| 0 | Zero | Zee – ro |
| 1 | One | Wun |
| 2 | Two | Too |
| 3 | Three | Tree |
| 4 | Four | Fow – er |
| 5 | Five | Fife |
| 6 | Six | Six |
| 7 | Seven | Sev – en |
| 8 | Eight | Ait |
| 9 | Nine | Nin – er |
| A | Alpha | Alfah |
| B | Bravo | Brahvoh |
| C | Charlie | Charlee |
| D | Delta | Delta |
| E | Echo | Eckoh |
| F | Foxtrot | Fokstrot |
| G | Golf | Golf |
| H | Hotel | Hohtell |
| I | India | Indee – ah |
| J | Juliett | Jewlee – ett |
| K | Kilo | Kevloh |
| L | Lima | Leemah |
| M | Mike | Mike |
| N | November | November |
| O | Oscar | Osscah |
| P | Papa | Pahpah |
| Q | Quebec | Kehbeck |
| R | Romeo | Rowme – oh |
| S | Sierra | Seeairah |
| T | Tango | Tangggo |
| U | Uniform | Younee – form |
| V | Victor | Viktah |
| W | Whiskey | Wisskey |
| X | X – ray | Ecksray |
| Y | Yankee | Yangkey |
| Z | Zulu | Zooloo |

（一）频率分配

空中交通管制的无线电频率分配在全世界是一致的，陆空通信主要使用高频（HF）和甚高频（VHF）。高频通常作为无距离通信的传输手段，甚高频是用作管制进行陆空通话的主要手段。对甚高频的频道作了如下的分配：

118.000～121.400MHz、123.675～128.800MHz 和 132.025～795.000MHz 三个频段主要用于空中交通管制员与驾驶员通话；

121.600～121.925MHz 主要用于地面管制；

121.500MHz 用于紧急情况；

121.100～122.200MHz 用于空中飞行情报服务；

108.100～117.900MHz 用于 VOR 发射台，其中 108.000～112.000MHz 供航向台用。

在管制区内主要使用118.000～121.400MHz 的频段，不同单位的管制员在这一频段使用不同的频率，这样驾驶员就可以在不同的阶段能明确地和对应的管制员建立起联系。例如机场管制员的使用频率为118.700MHz，驾驶员在起飞前使用的这一频率，当他起飞和爬升到进近管制范围，就改用119.300MHz 的频率由进近管制员指挥。

（二）语言的规范

国际民航组织规定空中交通管制通话统一使用英语，在通话中任何一个数字和字母以及词义的混淆都可能造成不堪设想的后果。为此国际民航组织对通话用的数字、字母以及空管用的专门词语的发音和解释都做了规定。表4-1是数字和字母的读音规定。

其他诸如对高度、速度、时间、风向、风速、航向、跑道名称以及一些重要的词句用语，都有明确的规定。

# 第三节　航行

## 一、航行情报服务的机构和内容

为了保证飞行的安全，民航当局要向驾驶员和有关航行的系统提供准确的飞行前和飞行中所需要的情报，这个任务称为航行情报服务。航行情报部门是一个完整的系统，和空中交通管制部门协同工作，各机场都有航行情报服务人员或航行情报室，各个大航行情报区都设有航行情报服务中心，定期或连续地向外发布航行情报。民航总局设有全国性的情报中心，它保证驾驶员在飞行情报区覆盖范围内任何一点都可以通过电信得到需要的航行情报，航行情报服务系统不控制空中交通，它只是一个提供信息的网络，把各个航行情报站和航行情报中心联在一起，可以把整个航路上的各种信息提供给管制员和驾驶员。航行情报工作的职能是为保证飞行安全、正常、高效提供所需的航行情报资料。

航行情报服务的具体内容包括：

编辑出版航行资料汇编；

编汇出版各种航图；

收集、校核和发布航行通告；

向机组提供飞行前和飞行后的航行资料服务；

在飞行中提供飞行情报服务。

### 二、航行情报服务的范围

航行情报服务的范围分为航图、航行资料和气象报告 3 大类。

（一）航图

航图是把各种和航行有关的地形、导航设施、机场的标准、限制以及有关数据全部标示出来的地图。航图可分为两大类：一类是标出重要地形和航行情况的航空地图，另一类是以导航标志和细致的地形为专门目的使用的特种航图。

1. 航空地图

主要用于目视空中领航及制订飞行计划，按照所表示地范围分为：

（1）世界航空地图

采用 1∶1000 000 的比例，它主要用于高速飞机作远距离飞行使用，每年修订出版一次。

（2）区域航空地图

一般以一个特定区域为范围地区域航空地图，它的比例为 1∶500 000。它要比世界航空地图详尽，标出了地形、目视标志点、无线电导航点、机场、空域、障碍物、航路、距离等，图上的各种标志都用颜色来区分，如水面用蓝色，导航台用粉色等（图为区域航图的局部）。区域航图要每半年修订一次。

（3）航空计划地图

是为了在采用 VER 和 IFR 飞行前作为飞行计划而用，它的比例尺在 1∶2000 000 到 1∶5000 000 之间。目前大部分这类地图采用 1∶2333 232 的比例，使图上的 1 英寸等于 32 海里。它一般印成两部分，一部分为 VER 使用，是航空地图，上面标明各种地面情况；另一部分为 IFR 使用，上面标出无线电导航台的位置和标志。

2. 特种航图

主要是为了 IFR 飞行使用，分为 13 种，下面介绍主要的几种：

（1）航路图

向机组提供有空中交通服务的航路的航行资料，图上包括航路上的所有无线电导航信息，但除了标有水面外，省略了其他所有地面和地形的情况，它的比例尺按不同需要有大有小，它要求每 4 个星期就修订 1 次，因而能及时地给出无线电通信和导航的频率改变等信息。航路图中的方位、航迹、径向方位以磁北为基准，并标出了航路上的所有报告点的位置，驾驶员在报告点上要向管制员报告飞机的参数和位置。

（2）仪表进近图

主要是为 IRF 进近和仪表着陆使用，它的比例尺较大，详细标出了进近时的路线和导航设施的位置和频率，供飞机在机场区域按规定航线和高度，安全有秩序地飞行，避免和其他航空器或障碍物相撞。

（3）机场图和机场障碍图

这些图标明了机场附近的航行情况、各种限制以及障碍物的情况，使驾驶员对降落的机场有详细的了解。机场障碍物图根据障碍物的不同分为 A 型图、B 型图、C 型图。一般使用机场障碍物 A 型图。

（4）标准仪表进场图

标准仪表进场图涵盖的内容比较广泛，除基本的航图标题以外有 STAR 的进场图标示、进场程序代码，重要的内容还有如：机场过渡高度层、过渡高度、扇区最低安全高度等。从航路飞行过渡到进场阶段之前，飞行员将要准备进场航图，首先应该记住该机场的过渡高度层和过渡高度，然后选择进场程序或者服从 ATC 的进场程序，之后，每个点仔细辨读航图信息，尤其是航迹、径向线、各个点的高度、限制性空域、扇区最低安全高度。

（5）标准仪表离场图

标准离场图所含内容与标准进场图的内容基本相同，但首先一定要分清楚是 DEP-ARTURES，还是 ARRIVALS。

（6）标准仪表进近图

标准仪表进近图是所有终端航图中内容最丰富，也是最复杂的，而且进近降落阶段又是非常危险和紧张的阶段，因此就要求飞行人员对进近航图的内容、位置、数据结构熟悉掌握，以便在很短的时间内能够找到所需的数据。

标准仪表进近图一般有几种类型，精密进近 ILS 仪表进近图、非精密进近 VOR 仪表进近图、非精密进近 NDB 仪表进近图。这些进近图的格式基本是通用的，内容也基本一样，只是数据不同。

总之，由于特种航图主要用于满足各种情况下的导航要求，故每种图的任务比较单一，比例比较大，修订周期较短。

（二）航行资料

航行资料按照包含的内容多少、发布的手段和有效的时间分为以下几类：

（1）航行资料的汇编

它是为了国际间交换的关于一个地区或国家航行方面的基本资料和数据，为国际航线使用。按 ICAO 的要求 AIP 提供民航当局认可的机场、气象、规划、导航设施、服务程序，在飞行中可以得到的服务和设施的基本情况，发布国家民航程序和 ICAO 的各种建议及规定的判别。各种按 ICAO 标准绘制的航图也是 AIP 的一个补充部分。AIP 的大小和规格都有规定，AIP 以散页形式装订，每页上都要有发布日期，如有修改采用换页的方法，一般 AIP 的修订间隔是 1 个月，以便使用人员得到最新的信息。

（2）航行通告

分为航行通告和雪情通告：

航行通告是航行情报服务最重要的航行资料之一。它及时向飞行有关人员通知航行设施、服务和程序的建立及状况变化，以及航路上出现的危险情况，是飞行员及有关人员必须及时了解的资料。它由电信网发布，通常在生效前 7 天发出，紧急情况随时发布。为表示区别，航行通告在航行情报系统中也称为一级航行通报。

雪情通告是气象报告的一种，由于对飞行安全有重大影响，多被作为航行通告的一部分由航行情报单位随时通过航空电信网发布。

（3）航行资料通告

分为定期制航行资料通告（AIRAC）和航行资料通告（AIC）。定期航行通告的有效时期为 28 天，这是在读者手中的时期，而编辑、收集的时间应该更长一些，要保证用户在 28 天前收到，如果时间来不及，有时就用对 1 个月以来的航行通报作一个总述后印刷出来。航行资料通告则是公布关于导航程序、系统的变化预测以及关系到飞行安全的各有关方面的情况，在生效前 15 天发出。AIC 是不定期的，如果有需要定期制航行资料通告和航行资料通告都可以包括到 AIP 中作为其一部分。

（4）飞行人员资料手册（AIM）

它包括四个部分，第一部分是关于 ATC 的程序和飞行基本数据，这部分每 3 个月修订 1 次。第二部分是机场手册，它包括各机场的进近、离场程序、航行情报中心和气象服务的电话号码等，这部分半年修订 1 次。第三部分是操作数据和有关的航行通告。第四部分是航图和补充材料，这部分是 3 个月修订 1 次。AIM 是一种定期出版的航行资料汇编，它不断更新公布有关航行情况的变化，对驾驶员、航行人员和管制人员都是非常有用的，各个航空发达国家都有 AIM 定期公开出版，为广大飞行人员提供方便。我国尚未发行 AIM，但相应地发行了《中国民用航空航行手册》，是为国内飞行用的综合资料手册。

（三）航空气象服务

鉴于气象对航空活动的重要影响，各国的民航当局和气象部门都组织了气象服务部门，及时地为航行部门、空中效能管理部门及驾驶员提供准确的气象信息以保证飞行安全。

1. 组织机构

我国的航空气象服务是由单独的民航气象机构完成的，由航空气象观测站、机场气象台的区域气象预报中心组成。气象观测站设在机场和主要航路点上，它的任务是观察和记录天气实况，向机组和机场气象台提供天气实况。机场气象台的任务是编制机场和航路天气预报，收集有关航行的气象报告，并和有关方面及地方气象台交换气象情报，向飞行机组的其他航务人员讲解天气形势，并提供各种气象文件。区域气象预报的中心任务是提供区域内的重要天气预报图和特定高度层上的高空风的情况。此外驾驶员要按规定向航空气象部门报告天气情况，也是航空气象情报网的重要组成部分。国外则把较多的气象预报任务交由国家气象系统的气象台站发布，航空气象服务部门和航行情报部门合在一起，由航行情报服务中心发布主要的气象报告。

2. 气象报告

（1）机场气象观测报告。这是由观测站发布的当地有关的地面风、能见度、云底高、降水、气温、露点、气压的报告。这种报告要每小时发布一次，通过电信网来发布，如果遇到特殊的天气变化，这种报告还可以不定期地发布，目前在一些大机场都有自动气象发布设施，可以每小时自动发出一次观测报告。

（2）机场预报。它是对机场区域的天气预报，一般每6小时发布1次，有效时段为18小时或者24小时。机场预报的主要内容是机场的云底高度、能见度和风速、风向、降水在24小时内的变化。

（3）起飞预报。对跑道上地面风、气温、气压提前3小时作出预报，以帮助飞行人员做飞行准备。

（4）高空风预报。它报告在一段时间内（一般为9小时、6小时或3小时）不同高度上的风速、风向、温度。预报中要注明发布时间和有效时间。

（5）航路预报。分为航路天气信息和重要气象情报两种，都是由航路气象观测站发出，然后由航行服务中心的高频广播中播出。

航路气象信息是对航路飞行高度上天气情况的预报，内容包括高空风、气温和重要天气情况，每小时广播2次。

重要天气情报是在航路上出现或预期出现影响飞机安全飞行因素时的气象情报，内容包括巡航高度上的雷暴、热带气旋、严重结冰、沙暴、火山喷发等，在发布后的最初1小时播出4次，每15分钟1次，之后每小时2次，有效时间一般为4~6小时。

（6）天气图。天气图是由国家气象系统来制作的，分为很多种，通过电信网发往各气象单位。由于航空和气象的密切关联，根据航空需要制作的称为航空天气图，包括地面天气图、天气形势图、天气预报图。

（7）雪情通告。机场航行情报室根据雪情由电信网络自动以电信方式发出，它一般附加在每小时1次的天气报告之后，通常每小时1次，如果跑道雪情有重大变化，要增加发布次数，有效期不超过24小时，使驾驶员其他人员能在飞行前或飞行中及时得到信息，制订或修订飞行计划。

随着气象科学的进步，气象报告和气象预报越来越准确，更多的气象预报工作也直接由政府气象部门做出。由于民航部门需要航路点及时的气象预报，因此民航的天气观察点和飞行员在飞行中观测到的有关天气的报告仍然是重要的第一手气象资料。民航的航行情报单位要和气象单位紧密合作，为航行部门和飞行人员提供便准确和详尽的气象服务，以保证民航运输的效率和安全。

（四）航行情报服务的内容发送

1. 航行情报服务的内容

航行通告；

重要天气情报；

重要天气情报和航行通告未发布的有关火山灰尘的信息；

导航服务内容变动的信息；

机场设施，飞行区情况，影响飞行的雪、冰和积水的信息；

飞机场、目的地机场、备降机场的天气状况；

碰撞危险的示警报告；

应驾驶员要求的有关无线电呼号、真实航迹，以及在水上飞行同水面船只运动情况等。

2．航行情报的发送

航行情报主要使用 3 种手段发送：高频通信、甚高频通信和航站自动情报服务广播。

空中交通服务单位应尽快地把飞行情报发往有关的航空器、其他空中交通服务单位和协作的气象单位。

如果空中交通管制单位同时负责航行情报服务，它的首要任务是空中交通管制服务。

**想一想**

1．航图的用途有哪些？　　　　3．飞行人员资料手册分为哪四部分？

2．各种航图的特点是什么？

# 第六章　空港

## 第一节　概述

### 一、航空港的发展历史

从 20 世纪初莱特兄弟发明飞机至今，航空业的诞生已有 100 年。在这 100 年的时间里，随着航空技术的不断发展，航空港也在不断变化。

第一阶段：飞行人员的机场（机场的幼年期）。

机场只为飞机和飞行人员服务，基本上不为当地社会服务。

1910 年在德国出现了第一个机场。

第二阶段：飞机的机场。

机场主要是为飞机服务。

1919 年，欧洲开始建立起最初的民用航线。

第三阶段：社会的机场

### 二、航空港的概念

狭义的航空港仅指地面起降系统，即指机场。广义的航空港可以泛指它所依托的城市。一般来说，凡是一个完整的航空港，必然依附于某一城市。除了军事基地以外，几乎没有一个航空港不依赖于城市的存在。

航空港的智能往往是城市职能的一部分。正是城市的某些职能要求航空具备一定的运输能力，使航空港形成一定的吸引辐射功能。因此我们在研究航空港的同时，必须研究它所依托的城市。这样，才能揭示和评价一个航空港在航空运输中的地位和作用。

### 三、空港城市的类型及其分布

空港城市即指航空港所依托的城市，这些城市的某些职能就是航空港产生吸引辐射功能的本质所在。按这些职能可将空港城市分为政治外交型、经济贸易型、枢纽型和旅游型。

#### （一）政治外交型

这类城市的重要职能是作为国家或地区的政治活动中心以及外交活动中心。它们多为国家首都以及国际会议的召开地。这些城市人口较少，一般在百万以下。城市没有大型工厂企业，只有国家机关、科研教育机构、文化娱乐设施以及供城市消费的食品、服装以及印刷等轻工业。一般城市环境良好，极少有污染。政治外交型的城市如华盛顿、日内瓦、北京等，一般国家的首都均具备进行政治外交活动的功能。

（二）经济贸易型

这类城市多为世界上重要的国际贸易中心。频繁的经济贸易往来，是辐射吸引功能的主要原因。

国际贸易中心，指那些具有国际贸易职能的中心城市。它集结着国际商品和国际贸易结构，可以是国际商品的集散地，也可以是专门提供交易场所的中心，或兼而有之。国际贸易中心的形成和发展是一个较为复杂的过程。它受到地理位置，商品经济水平、发展历史、科技水平、政治经济制度等因素的影响。目前的国际贸易形式多种多样，常见的有国际博览会、商品交易所、国际贸易中心、商品交易会、拍卖市场等等。经济贸易型城市如伦敦、东京、北京、香港、上海、广州、深圳、厦门等。

（三）枢纽型

这类城市具有发展航空运输的优越的自然条件。特别是地理位置，它往往是形成航空枢纽的主要原因。这里的地理位置包括自然地理位置和政治、经济地理位置。这类城市多为发展中国家的重要城市或交通枢纽。它们与发达国家的现代化城市相比。经济不一定很发达，科学技术不一定很高，人口也有多有少。但是，它们多处在重要的国际航线上，随着国际运输的发展，它们逐渐形成重要的航空枢纽。这类城市有新加坡、开罗、北京、上海、广州等。

（四）旅游型

旅游型空港城市必须具有一种或几种著称于世的名胜古迹；它们以秀丽的自然风光、悠久的古迹、独特的异国风情、精美的建筑、现代化的游乐设施产生极强的吸引力，从而成为重要的空港城市。这类城市有新加坡、曼谷、北京、西安、桂林、杭州等。

以上单种类型的划分不是绝对的，许多空港城市具有多方面的职能。一个城市可能以多种职能影响航空港的吸引辐射能力。特别是综合性大型城市如纽约、巴黎、北京，它们既是本国的政治中心或经济中心，又是国际贸易中心，同时，它们又是世界上著名的旅游城市和国家旅游中心。这种综合性大都市都设有规模较大的国际航空港。

### 三、航空港及一般机场的分类

按用途和设备的不同，机场可分为：军用和民用两类。

按服务性质划分，可分为：运输机场、通用机场。运输机场包括国际机场和国内机场。

按跑道长度划分。见飞行区等级指标Ⅰ。

**飞行区等级指标 I** 单位：米

| 飞行区等级指标 I | 飞机基准飞行场地长度 |
|---|---|
| 1 | 小于800 |
| 2 | 800～1200 |
| 3 | 1200～1800 |
| 4 | 大于1800 |

按机翼宽度、主起落架外侧间的距离划分。见飞行区等级指标 II 。

**飞行区等级指标 II** 单位：米

| 飞行区等级指标 II | 翼展 | 主起落架外轮外侧间距 |
|---|---|---|
| A | 小于15 | 小于4.5 |
| B | 15～24 | 4.5～6 |
| C | 24～36 | 6～9 |
| D | 36～52 | 9～14 |
| E | 52～60 | 9～14 |

国际上对飞行区等级有统一的标准，它由飞行区等级指标 I 和飞行区等级指标 II 定量分级。习惯上，还可以根据承受能力粗略分级，见下表。

**对机场的粗略分级** 单位：米

| 等级 | 用途 | 机型 | 跑道长度 | 跑道宽度 |
|---|---|---|---|---|
| 1 | 国际、国内远程 | 大型 | 3000～3800 | 45～60 |
| 2 | 国际、国内中程 | 中型 | 2000～3000 | 45～60 |
| 3 | 近程 | 小型 | 1000～2200 | 30～45 |
| 4 | 短程 | 小型 | 400～1000 | 16～30 |

**你知道吗**

在我国大型的民用机场称为空港，小型的民用机场称为航站。

重要空港是一个国家中在航空运输中占据核心地位的空港。

一般空港是重要空港之外的其他小型空港。在我国，大多数都属于航站。

通用航空空港主要用于通用航空。

备用空港平时不安排航班，其他空港交通拥挤时短时为商业航空服务。

# 第二节  空港的构成

自由航空港：一个国际机场，在该机场内，机组、乘客、行李、货物、邮件和供应品，只要他们仍留在一个指定的地区内，就可以下机或卸货，或留在机上，也可以转运，直至被运至该国领土以外的一个地点，而无需缴付任何费用或关税，除特殊情况外，也不需经过任何检查。该机场就称为自由航空港。

枢纽航空港：枢纽辐射式航线结构系统（HSS）是当今世界大型航空公司的六大竞争武器之一。全球前 20 家航空公司（按运输量排名）基本上都拥有 HSS。而相应地，世界排名前 20 位的机场无一例外都是枢纽航空港。

我国大陆没有一家真正意义上的枢纽航空港，北京虽然是国内最大的客运枢纽，在 1998 年也仅列世界第 49 位。

## 一、空港的构成

航空运输用的公共建筑以及有关设施，通常也称飞机场或机场。20 世纪 20 年代，使用螺旋桨飞机时，只是在机场跑道旁有一些简单的建筑。从 50 年代起，由于大型喷气客机的广泛采用，逐渐发展为拥有复杂技术设施的大型建筑。

航空港在选址的时候，应符合城市的总体规划，并考虑交通便利，一般不宜设于多雾、多烟和有暴风雨、雷电的地区。航空港上空和规定范围内应无高山等障碍物。此外要远离鸟群栖息地，避免航空港环境与植被对鸟类的吸引。为排除飞机起落时噪声对居民生活的干扰，机场同居民点应该保持必要的距离。

航空港的主要建筑和设施有飞机跑道、停机坪、停车场、候机楼、指挥塔和机库等，此外还有货运站、中转旅馆等。

## 二、空港的主要组成部分

航空港可以分为：飞机活动区、候机楼区、地面运输区。

（一）飞机活动区分为空中部分和地面部分，包括空域、跑道、滑行道、停机坪等。

空中部分：机场的空域。

地面部分：跑道、滑行道、停机坪、登机门。

1. 跑道

跑道的布置形式和长度应根据接纳的飞机类型、航空港的布局、规模、经营方式等而定。目前一般飞行距离为 1 万公里的，跑道长 3640 米；飞行距离 5000 公里以下的，跑道长 2730～3020 米。跑道长度还同飞机性能有关。跑道长度还要考虑航空港所在地海拔高度、平均最高气温和有效纵向坡度。跑道布置形式同航空港容量、基地风向等有关，常见的有带形、平行形、交叉形、V 形、综合形等。跑道的基本参数有方向和跑道号、基本尺寸、跑道的道面和强度。

2．跑道的附属区域

（1）跑道道肩：跑道纵向侧边和相接的土地之间的一段隔离的地段。

（2）跑道安全带：跑道的四周划出的一定的区域来保障飞机在意外情况下冲出跑道时的安全。

（3）净空道：跑道端之外的地面和向上延伸的空域。

3．滑行道

用于连接飞行区各个部分的飞机运行通路。

4．机坪

飞机停放和旅客登机的地方。

5．航站导航设施

（1）指挥塔。是航空港的控制指挥中心，应设在较高部位，或建于候机楼上部，或独立设塔。塔台和仪表飞行指挥室一般作叠层布置，塔台位于上部，顶端装置雷达和各种通信设备的天线。

（2）仪表着陆系统。包括航向台、下滑台和指点信标。

航向台：提供飞机下降时的水平导航（航向导航）；是甚高频发射台，位于跑道中心线的延长线上；发射两个强度相等的分布在沿跑道中心线两侧的无线电波束——航向信标波束；飞机对准跑道下滑时，机载接收机收到的两束波的反射信号强度相等——以此指引飞机准确下滑。

下滑台：提供飞机下降时的垂直导航；发射两束和航向台相似的等强度波束；指引飞机沿 3°的坡度正确下滑。

指点信标：提供飞机下降时的准确位置；由三个指点信标组成；外指点信标距跑道端 5 海里；中指点信标距跑道端 0.5 海里，飞机高约 60 米；内指点信标距跑道端 300 米，飞机高约 30 米——二类仪表着陆的决断高度。

（3）精密进近雷达系统。

包括发射器、显示器和两个天线。其体积小、可移动，不需要飞机上装很多装备。但缺点是精确度和可靠性受人为因素干扰较大，不如仪表着陆系统稳定。多用于军用导航。

（4）微波着陆系统：与卫星着陆系统相比，没有太大发展空间。

6．航空地面灯光系统

包括跑道灯光、仪表进近灯光、目视坡度进近指示器。

7．空港跑道系统的分类和标志

分为目视（非仪表）跑道和仪表跑道。

8. 空港的进近和净空（飞行区）

9. 飞行区的其他设施

包括测量基准点、标高校核位置、航行管制服务的设施、地面的维护设施、消防和跑道维护设施。

（二）候机楼区

客货运输区，即为旅客、行李、货物、邮件运输服务区域，包括停车场、候机楼、交通道路系统等；候机楼区包括候机楼建筑本身以及候机楼外的登机机坪和旅客出入车道。

1. 登机机坪

旅客从候机楼上机时飞机停放的机坪。

形式有单线式、廊式、卫星厅式、车辆运送式。

2. 候机楼

航空港中的主要建筑物。其中为旅客服务的设施有：

手续系统，包括签票柜台、行李托运柜台、检查处（安全、海关、出入境验证、卫生防疫等）、行李提取处等。

服务系统，包括厕所、电话室、医务室、邮局、银行、理发室、出租汽车站、餐厅、酒吧、商店、书报亭、迎送者活动空间等。

飞行交换系统，包括登机口、登机休息室、自动步行廊道、运载车、登机桥、舷梯和有关服务空间。此外还有航空公司营运、管理和政府有关部门的设施用房。

候机楼的布局方式有以下几种：

集中式，旅客在出发厅办理手续，然后进入候机厅候机，再由登机口登机，适用于规模不大的航空港。

廊式，候机部分采用廊道栈桥布局方式，有单条形和呈指状的多条形，旅客在出发厅办理手续后，在廊道内候机再经登机桥登机。这种形式适用于吞吐量大的航空港。

卫星厅式，其位置在候机楼外，以廊（地下或地上的）相联系，旅客经候机卫星亭通过登机桥登机，是近十余年来采用较广泛的一种方式。

运载器方式或称登机车方式，飞机停在远离候机楼的停机坪上，旅客搭乘登机车登机或离机。采用这种登机方式，候机楼可集中布置，平面灵活，不受飞机载客增多、飞机型号增大的影响。

直达登机口式，办理手续分散，设在每个停机位前，以尽量缩短旅客办理手续和候机的过程。

一个航空港可采用上述某种登机方式，也可采用几种方式布置。候机楼内的旅客同时有到达的、出发的和中转的，因此候机楼可采用不同层次组织交通。

（三）地面运输区

这是机场维护区，包括维修厂、维修机库、维修机坪等。其组成为空港进入通道、空港停车场和内部通道。

### 三、空港在经济发展中的作用

空港在经济发展中的作用为：交通联系的枢纽；吸引投资；促进当地经济的发展；使房地产增值。

**小资料**

国际三大航空联盟简介

一、星空联盟

是目前全球最大的航空联盟，由18家国际航空公司组成。

其环球航空网络，覆盖全球152个国家、地区的800个航空目的港。持有"环游世界旅游套票"，可以从始发地开始全程享受到各成员公司提供的服务。VIP客人还可以享用全球超过500个机场贵宾室及相互通用的特权和礼遇。

"星空联盟"全球雇员逾34万人，每年为超过4亿乘客提供航空旅行服务。联盟拥有2600余架高性能现代化的飞机，每天出入港的航班达到1.5万架次，飞往138个国家和地区的842个机场。其成员航空公司的贵宾可进入全球620个机场的贵宾休息室候机。现在，每3秒钟就有一架属于"星空联盟"的航班起飞或者降落。联盟于2003年和2005年两次被Skytrax评为"世界最佳航空联盟"。

二、寰宇一家

寰宇一家的成员包括：美国航空、芬兰航空、英国航空、国泰航空、日本航空、匈牙利航空、澳洲快达航空、欧洲西班牙航空、澳大利亚航空、港龙航空，其致力为旅客提供更广阔的全球航空网络，更多的航班及更优良的服务。

三、天合联盟

由墨西哥航空、法国航空、达美航空及大韩航空组成的全球航空联盟。"天合联盟"是全球首家以客为先的环球航空联盟。捷克航空已于2001年3月25日正式加盟。通过遍及全球的航运中枢网络，"天合联盟"每年的载客量高达17670万名，每天有7091班航机飞往全球各主要目的地，而大部分位处占据全球八成航空交通量的北半球。

对乘客本着以"以客为尊"服务宗旨的"天合联盟"每天为全球提供6402个航班。

**想一想**

1. 空港的构成有哪些？

2. 航空港的主要组成部分以及各部分的作用是什么？

## 第三节　空港的管理和维护

**一、空港的管理体制**

（一）国家管理

国家的民航主管当局直接管理航空港。

优点：可以迅速适应国家政治任务的需要；容易和空中交通管制系统配合，集中力量统一调度。

缺点：和当地政府、经济社团联系不密切，不能从地方经济和社会发展出发考虑问题，从而形成矛盾

（二）地方政府管理

优点：能把地方社会经济发展的要求和机场的经营统一协调起来；能调动地方投资的积极性。

缺点：有时会和空管当局及非本地的航空公司产生利益上的矛盾。

（三）私人企业管理

优点：经营的效率很高。

缺点：必须由政府来控制和协调它的经营的波动性和忽视社会效益的倾向。

**小知识**

改革开放以前，我国民用机场管理模式十分单一，完全由中央政府集中管理。改革开放以来，由于地方政府积极参与机场建设，单一管理模式被打破。目前，我国机场管理模式包括以下几类：

1. 民航总局和地区管理局直接管理。现在全国大部分机场是这种管理形式。其中包括部分由中央和地方联合投资建设但由民航管理的机场。

2. 地方政府管理。这部分机场建设时全部由地方投资（有的机场中央给予少量补助）。机场建成后归地方政府管理。主要有厦门、珠海、深圳、三亚以及一些小型机场。上海虹桥机场是划归上海市政府管理的机场。

3. 中央和地方实行股份制管理。由中央和地方政府联合投资建设，根据《公司法》，按投资比例实施股份制管理。有的由地方政府控股，如南京、福州为地方控股，正在筹建的杭州萧山、广州新机场则由民航控股。

**二、空港管理的内容和组织**

空港在管理组成上大致可以分为四个部门：

分别是行政和财务部门、规划和工程部门、运营部门、后勤和维修部门。

### 三、空港的维护

空港的维护有这样几项内容：维护道面、防止鸟撞、紧急救援、安全保卫、地面勤务。

## 第四节　空港的发展和规划

### 一、空港的容量

容量的定义：指空港在给定的时间中能处理的交通量（飞机的起降架次或旅客的流量）。

名义容量：指不考虑飞机的延误，即飞机等候一架接一架的起飞或降落，单位时间所能允许的起降次数。

实际容量：指在规定出飞机由于空港条件而延误的时间限制后，空港所能允许的运行架次。

### 二、空港的规划和未来

（一）规划依据

场地的工程地质和水文地质、气象（包括风、气温、湿度、雾、降雨量、雷暴、冰雹、雪、风沙、气压、能见度和天气变化统计）、地理地形等自然条件；

航空业务量预测、飞机机种、特征和发展趋势；

飞机场和城市的距离、相对位置、交通条件、城市发展规划、土地和附近居民点的分布；

场地和邻近飞机场、空域及禁航区的关系，周围地区的障碍物情况；

无线电收发讯区的划分、公用设施如供水、供电、煤气和燃油的获得；

植被和鸟类栖身地等生态环境。

（二）规划原则

统一规划，分期建设，在满足最终发展设想的前提下，合理布置近期建设项目；

主要设施的分区既要满足各自的功能要求，又要协调它们之间的相互联系，各设施的容量互相平衡，保证飞机安全运行；

总体布局紧凑，使用灵活，有发展余地；

用地经济合理，少占或不占良田和居民点；

避免环境污染，维持生态平衡，使飞机场和它所服务的城市及周围地区协调发展。

随着民航运输的发展，飞机机型的更新，导航设施的改进，以及日益强调的环境标准等，飞机场总体规划必须是综合分析了技术、经济、政治、社会、财政、环境等诸因素后得出的技术可行、经济合理的最佳方案。

（三）规划内容

因飞机场性质、规模和地理位置的不同而异，主要包括：

航空业务量的预测；

确定飞机场近期、远期和最终的发展规模和标准；

制定飞机场主要设施的平面布局；

分析飞机场运行的环境影响和处置措施；

拟定飞机场及其邻近地区的土地使用规划；

确定近期建设项目，估算投资并提出建设分期；

分析评价飞机场经营的社会经济效益。

（四）航空业务量的预测

各种业务量的预测是制订规划的基础。预测期限分短、中、长期，短期预测年限不低于5年，中期5~10年，长期为15年或更长；有时也对飞机场最终容量作出预测。预测内容包括飞机运行架次、机型组合、旅客人数、货物邮件运量和地面车辆交通量。预测方法有趋势外推法、经济模式、市场调查法和专家评估法。

（五）发展规模和标准的确定

根据预测业务量决定飞机场设施的近期、远期及最终的发展规模；飞机机型和航线航程决定飞行区的各项设施的几何尺寸和数量（即跑道、滑行道的长、宽、厚及间距、数量）；高峰小时飞机架次和旅客人数决定航站区规模；货物年运量决定货物航站规模；并相应决定保证飞机安全飞行的通信导航、空中交通管制、气象设施；保证飞机场正常运行的供电、供水、供油等公用设施，及进出飞机场的道路及飞机场场内道路、停车场的规模。

（六）飞机场主要设施的平面布局

（1）飞行区的布置。主要指跑道、平行滑行道、快速出口滑行道、联络滑行道、升降带、停机坪及飞行区排水系统的布置。其中跑道是最主要的部分，它的布置决定于跑道的数量和方位（见飞机场跑道）。平行滑行道的位置及尺寸取决于跑道的类别及使用的机型，通常只布置一条平行滑行道，在飞行量非常大的飞机场则要求规划布置第二条平行滑行道，以保证飞机在地面上运行的安全与畅通。在业务量繁忙的情况下，需要设置快速出口滑行道，它与跑道的夹角在30°左右，其位置取决于使用的机型、接地速度、减速率和出口数目。跑道、平行滑行道、停机坪间设联络滑行道。

根据停放飞机的机型和数量、场地条件布置停机坪。在一些飞机场，还应根据需要设置等待机坪、隔离机坪及旁通滑行道等（见飞机场飞行区）。

（2）航站区的布置。航站区处在飞行区和地面工作区的分界上，是飞机场规划布局的重点。航站区的设施主要有旅客航站、货物航站、客机坪、站前区道路及停车场。航站区的布置主要是确定航站区的位置和选择合适客机坪和旅客航站构形。航站区和跑道相对位置的确定原则见飞机场构形。

（3）工作区的布置。包括航空公司、飞机场管理当局和武装警察、海关、检疫等部门在飞机场工作的人员办公和生活的地区，应相对集中地布置在与航站区相隔一定距离的地方，以不影响和干扰旅客及各种车辆的通行为原则；生活用房除必不可少者外其他均应在飞机场外建造。

（4）塔台和无线电通讯导航台、站、点的布置。塔台应布置在整个飞机场的适中位置，不妨碍航站区的扩建。无线电通信导航各系统的台、站包括外、中、内指点标台、远程（近程）雷达站、航向台、下滑台、发讯台、全向信标/测距仪台等的位置，须结合飞机场规模、地形、场地条件和设备技术要求选点。必须能易于解决水、电等公用设施并与外界接通的道路。

（5）气象设施的布置。包括气象观测站和气象雷达站。观测站应尽可能靠近飞行区，能观测跑道两端飞机进近区的天气变化，它的仪表应避免受到来自飞机喷气流的吹袭。气象雷达站的位置应避免周围高耸建（构）筑物对雷达波的遮挡。

（6）供油设施的布置。包括卸油站、储油库、使用油库及机坪加油系统。卸油站的位置一般选在能接通铁路或靠近卸油码头的地方。根据飞行量的大小决定储油库的规模，库址应远离站坪或飞机场。场内使用油库则须与其他功能区段分隔开，并保持足够的安全距离。采用加油车给飞机加油的飞机场，在使用油库与站坪间应有便捷的道路相通，通行运油车的道路应与通行旅客车辆的道路分开，并避免交叉。

（7）机务维修区的布置。包括飞机库、维修车间、修机坪、三站（制氧站、制氢站、压缩空气站）和机务外场工作间。机务维修区的规模和构成取决于飞机场机务维修规模及任务。飞机库及修机坪应布置在与旅客航站、货物航站相隔一定距离处。承担航线飞机检修的飞机场只设机务外场工作间及少量维修车间，它们的位置宜靠近停机坪。

（8）消防急救中心的布置。消防、急救站的位置须尽可能靠近飞行区，和飞行区间设有直接、方便的道路相连，在最佳能见度和地面条件下，从消防站开出的消防车到达飞机场上的任何出事地点的时间不超过 3 分钟，在有道面的地段争取不超过 2 分钟。为此，在有两条或多条跑道的大型飞机场，须布置两个或几个消防站，从消防站的观察控制室应能瞭望到飞机场飞行区里飞机活动情况。救援中心通常和飞机场消防站布置在一起。

（9）道路的布置。应结合城市规划的道路网布置进场道路，尽量把通往旅客航站的车辆和其他服务车辆分开；通往各功能区的道路和各区段间的连接道路应综合布置；结合飞机场围界布置巡逻道路。

**小知识**

《全国民用机场布局规划》2008 年 1 月 25 日获国务院批准。

民航总局有关负责人介绍说，根据该规划，以 2006 年为基数，到 2020 年，我国民航运输机场总数将达到 244 个，新增机场 97 个。初步匡算，运输机场总数将达到 244 个，形成北方、华东、中南、西南、西北五大区域机场群。我国目前初步形成了以北京、上海、广州等枢纽机场为中心，以成都、昆明、重庆、西安、乌鲁木齐、武汉、沈阳、深圳、杭州等省会城市（自治区首府、直辖市）或重点城市机场为骨干以及众多其他城市干、支线机场相配合的机场格局。截至 2006 年底，我国共有民航运输机场 147 个（不含港澳台地区）。其中东部地区 41 个、中部地区 25 个、西部地区 69 个、东北地区 12 个。全国 52% 的县级行政单元能够在地面交通 100 公里或 1.5 小时车程内享受到航空服务。

## 第五节　国内主要空港数据

### 小知识

航空港是一个内部联系紧密的三维空间系统。一般只有进行定期航班业务并具备完整配套设施的大、中型航站，才称为航空港（英语中称 AirPort）。目前，世界上的多数航站尚不具备航空港的规模，因此航站一般又泛称机场（Aerodrome）。机场是供飞机起降、停驻和维护的场所，是航空运输不可缺少的地面设施。机场的数量、规模、现代化程度、分布状况对航空运输至关重要。因此机场的技术设备、管理水平、利用状况往往是所在国家和地区的航空运输水平的标志。中国是一个幅员辽阔、人口众多、人均耕地较少的大国，随着航空运输的发展，无疑对机场的数量、质量和规模提出更大的需求。如何有效地利用国土资源，节省建设投资，充分发挥现有机场的作用，搞好机场的合理布局是关系到民航运输能否正常发展的重大问题。

## 一、机场概况

新中国成立以来，在一些大城市已相继建设了具有现代化水平的航空港，但是大多数航站的规模较小、设备较差、吞吐量有限。

中国的民航运输机场按其服务的航线和规模，大致可分为三类：

第一类是联结国际国内航线的大型枢纽机场，如北京首都机场、广州白云机场和上海虹桥机场，这三个机场也是我国主要的国际门户机场。

第二类是以国内航线为主，空运量较大的国内干线机场，此类机场的依托城市多为行政中心、旅游中心、贸易中心、开放城市或交通枢纽。

第三类是地方航线或支线机场，此类机场多分布于地面交通相对闭塞的地区，机场规模一般较小、等级也较低，有定期航班与干线机场相连。

广州、北京、上海三个大型枢纽机场的旅客吞吐量之和占全国的 53.7%。旅客吞吐量在 50 万~125 万人次的机场有：桂林、成都、昆明、南京、沈阳、厦门、杭州、西安，8 个干线机场的旅客吞吐量之和占全国的 25%。吞吐量在 10 万~50 万人次的有武汉、乌鲁木齐、福州、重庆、海口等 19 个机场，它们的旅客吞吐量之和占全国的 17.6%。1 万~10 万人次的有太原、呼和浩特、湛江、喀什等 26 个机场，它们的旅客吞吐量之和约占全国的 3.3%。1 万人次以下的机场有佳木斯、秦皇岛、赤峰、汉中等 27 个地方二线机场，它们的旅客吞吐量仅占全国的 0.5%。

以上统计表明，绝大部分空运量集中在少数枢纽和干线机场，而多数航站的空运量很小。全国 96.2% 的旅客吞吐量集中在 10 万人次以上的 30 个机场，它们当中除乌鲁木齐和拉萨之外均分布在我国东南部。其中旅客吞吐量在 50 万人次以上的 11 个大中型枢纽机场都在东南部。北京、广州、上海三个大型枢纽的旅客吞吐量占全国的一半以上，它们之间的三角区内，机场航线密集、航班密度大。其余 50 多个机场旅客吞吐量均在 10 万人次以下，大多分布于新疆、甘肃、云南、内蒙古等边远省区以及东南部的支线上。这些地区经济水平较低，交通相对闭塞。从全国的机场密度分布来看，有从东南向西北递减的趋势。

### 二、机场布局分析

我国民航运输机场的布局与空运市场布局是基本吻合的，与全国交通运输的布局，全国经济发展的地区差异也是吻合的。这说明目前我国机场的分布基本上是合理的。机场分布的不平衡是许多国家航空运输所具有的共性。多数发达国家的机场也集中分布在沿海的经济重心区，而且空运量也集中于少数大型航空枢纽，大多数机场的空运量相对较小。因此机场布局与经济发达的地区差异相吻合，是航空运输发展的规律之一。在一定条件下，机场分布的不平衡是合理的。

从我国目前的机场分布与机场容量状况分析，与空运较发达的国家相比较，仍有很大的差距，且与我国航空运输的发展不相适应。

与世界上许多大型机场相比较，我国的机场规模较小，容量有限。针对我国目前机场布局的现状，应尽快制订和完善全国机场建设的总体规划，对国际门户机场、干线机场、地方航线机场的数量、规模统筹安排，加强布局的宏观调节。在近期规划中，应适当留有发展的余地，对每一个机场的建设必须做可行性研究，尽量避免一扩再扩的重复施工或投资过大的不合理现象，使我国的机场布局趋于完善。

全国民用机场的布局和建设规划，由国务院民用航空主管部门会同国务院其他有关部门制订，并按照国家规定的程序，经批准后组织实施。省、自治区、直辖市人民政府应当根据全国民用机场的布局和建设规划，制订本行政区域内的民用机场建设规划，并按照国家规定的程序报经批准后，将其纳入本级国民经济和社会发展规划。民用机场建设规划应当与城市建设规划相协调。新建、改建和扩建民用机场，应当符合依法制订的民用机场布局和建设规划，符合民用机场标准，并按照国家规定报经有关主管机关批准并实施。不符合依法制订的民用机场布局和建设规划的民用机场建设项目，不得批准。新建、扩建民用机场，应当由民用机场所在地县级以上地方人民政府发布公告。

### 三、重要机场简介

（一）北京首都机场

首都机场为我国目前规模最大的航空港。位于北京东北部，距市区 25 公里。是我国地理位置最重要、规模最大、设备最齐全、运输生产最繁忙的大型国际航空港。北京首都国际机场不但是中国首都北京的空中门户和对外交往的窗口，而且是中国民用航空网络的辐射中心。

首都机场是中国国际航空公司的驻地，它是我国最大的国际门户机场。

（二）广州白云国际机场

广州白云国际机场位于中国广东省广州市北部，白云区人和镇和花都区新华镇交界处，于 2004 年 8 月 5 日正式启用。

广州白云机场原址位于广州市白云区白云山西侧，于 1933 年夏季建成竣工。最初的白云机场主要用于军事目的，后来才改建成民用机场。改革开放后白云机场发展迅猛，其旅客吞吐量和起降架次曾经连续 8 年位居全国第一。但由于老白云机场位于市区中心，虽经过数次扩建仍远远无法满足需求，使用量也早已饱和。于是新白云国际机场于 2000 年 8 月正式破土动工。经过 4 年的建设，广州新白云国际机场于 2004 年 8 月 2 日落成，并于同年 8 月 5 日零时正式启用，同时为广州市民辛勤服务了 72 年的老白云机场也随之关闭。

（三）上海虹桥机场、浦东机场

1. 虹桥机场

作为上海第一个民用机场的上海虹桥机场历史悠久，它的前身是建于 1921 年 3 月的民国虹桥机场，抗日战争时期被日军占领，解放后，重建虹桥机场，此后一直作为军用机场，直到 1963 年，被国务院批准再次成为民用机场，经过多年的扩建后，现已成为我国国际航空门户机场之一。

2. 上海浦东国际机场

上海浦东国际机场地处上海浦东新区机场镇、施湾镇、南汇县的祝桥镇、东海镇的濒海地带，距上海市中心约 30 公里，距虹桥机场约 40 公里。

2005 年 12 月 17 日，国家通过上海浦东国际机场的二期扩建项目，此项目包括 3 条跑道、2 个航站楼等，预计 2015 年完工，旅客吞吐量将达到 8000 万人次，到时上海浦东国际机场将成为上海航空枢纽港、亚太航空枢纽。

（四）珠海机场（三灶国际机场）

1992 年 12 月动工，1995 年 6 月通航，一期占地
5.2 平方公里。珠海机场是一个现代化的航空港，机
场为 ICAC 标准 4E 级，跑道长 4000 米，主着陆方向
为 II 类精密进近密仪表着陆系统，次着陆方向为 I 类
精密进近仪表着陆系统。

（五）成都双流国际机场

成都双流国际机场位于川西平原中部，距四川省
成都市中心西南约 16 公里，是我国西南地区重要的航
空枢纽港和客货集散地。现有民航西南管理局、中国
国际航空公司西南公司、四川航空股份有限公司等 20
多个民航和口岸单位驻扎。有高速公路与市区相通。

该机场原名双桂寺机场，1938 年修建，道面为泥
面，供小型双翼飞机起降；1944 年扩建，跑道长 1400
米，用石灰、卵石拌合碾压，可供 15 吨以下飞机
使用。

1956 年 12 月 12 日，中央军委总参谋部批准将双桂寺机场划归民航使用，随即正式
列为民航机场序列，并更名为"成都双流机场"。

21 世纪，成都双流国际机场将大力加强机场作为西南地区枢纽机场的功能和地位，
以其更加优美的环境、更加完善周到的服务、更加现代化的设施迎接八方来客，成为中
国西部面向世界的重要空中门户。

（六）桂林两江国际机场

桂林两江国际机场位于广西桂林市西南方向的临
桂县两江镇，距市中心约 28 公里，面积 406 公顷。

桂林两江国际机场是国家"八五"期间重点工程
项目，总投资 18.5 亿元。1991 年 9 月，经国务院、
中央军委正式批准立项，于 1993 年 7 月开工建设，
1996 年 10 月 1 日建成通航。

（七）西安咸阳国际机场

西安咸阳国际机场是 1984 年经邓小平同志批准建设，1991 年 9 月 1 日投入运营的
国家一级民用机场。机场位于陕西省西安市西北、咸阳市东北面的黄土塬上，经机场专
运线至西安市中心 47 公里，距离咸阳市 13 公里。场区占地 500 公顷，地势平坦，净空
良好。

西安咸阳国际机场是我国重要的国内干线机场、国际定期航班机场和区域性中心
机场。

（八）昆明巫家坝国际机场

昆明巫家坝国际机场位于昆明东南部，是中国最
重要的国际口岸机场和全国起降最繁忙的国际航空港
之一，是中国西南地区门户枢纽机场。

（九）沈阳桃仙国际机场

沈阳桃仙国际机场是国家一级干线机场，东北地
区航空运输枢纽，地理位置优越，为辽沈中部城市群
2400 万人口的共用机场。以机场为中心，距沈阳市中
心 20 公里，距抚顺、本溪、鞍山、铁岭、辽阳、营
口等城市均不超过 100 公里，并通过高速公路与各城
市形成辐射连接。

（十）厦门高崎国际机场

厦门高崎国际机场位于美丽的海上花园——厦门
岛的东北端，地处闽南金三角的中心地带，与宝岛台
湾隔海相望，三面临海，环境优美，净空条件优越，
具有良好的区位优势。

厦门高崎国际机场航线遍及内地及港澳地区、东
南亚、韩国、日本、美国和欧洲，是华东地区重要的
区域性航空枢纽。

（十一）天津滨海国际机场

天津滨海国际机场始建于 1939 年 11 月，天津滨海国际机场前身为天津张贵庄机场。
天津是中国最早兴办民航运输的城市之一，1950 年 8 月 1 日中华人民共和国第一条民用
航线从这里起飞。机场同时担负起新中国专业飞行和技术人才培养的任务，被誉为"新
中国民航的摇篮"。1974 年，天津机场被确定为首都机场的备降机场。1996 年 10 月，
被升格为国际定期航班机场，后更名为"天津国际滨海机场"。2002 年 12 月加入首都机
场集团公司。

天津滨海国际机场位于天津东丽区，距天津市中
心 13 公里，距天津港 30 公里，距北京 134 公里，南至
津北公路，西至东外环路东 500 米，北至津汉公路及
京津高速公路，东至京津塘高速公路，是北京首都国
际机场的固定备降机场和分流机场，是国内干线机场、
国际定期航班机场、国家一类航空口岸。是中国主要
的航空货运中心之一。

由于地理位置优越，具有较强的铁路、高速公路、轨道等综合交通优势，基础设施
完善，市政能源配套齐全。天津滨海国际机场代理国内外客货运包机业务，并提供一条
龙服务。同时为各航空公司提供地面代理业务。机场基地航空公司有中国国际航空公司

天津分公司、中国新华航空公司、中国东方通用航空公司、奥凯航空公司。

（十二）杭州萧山国际机场

杭州萧山国际机场是国内重要干线机场、重要旅游城市机场和国际定期航班机场，也是上海浦东国际机场的主备降机场。机场位于钱塘江南岸，距杭州市中心27公里。

机场工程按照"一次规划、分期建设"的原则，分近、中、远三期实施建设。1997年7月，机场工程正式动工。2000年12月30日，新机场建成通航运营。2003年9月，国务院批复同意杭州航空口岸扩大对外国籍飞机开放。2004年3月，杭州航空口岸通过国家验收正式扩大对外国籍飞机开放。萧山机场环境优美，绿化率高达40%，为国内"绿、美、特、秀"的园林式机场

（十三）武汉天河国际机场

武汉天河国际机场为4E级机场，是在国际民航组织（ICAO）备案的定期航班国际机场，是华中地区的航空运输枢纽。目前，国家已初步确定在天河机场建设航空货运、邮政、快运中心和中南地区第二大飞机维修基地。良好的发展机遇、特有的区位优势、齐全的机场功能将会使天河机场成为航空客货集散中心。

（十四）乌鲁木齐地窝铺国际机场

乌鲁木齐地窝铺国际机场位于新疆维吾尔自治区首府乌鲁木齐市郊西北地窝堡，距市区16公里。乌鲁木齐机场原为中苏民用航空机场，1970年7月经国务院批准进行扩大规模修建。1973年建成和对外开放，是中国五大门户机场之一。

乌鲁木齐地窝铺国际机场是国家民用一级机场，始建于1939年。从1950年至今经历了数次的扩建和续建。80年代初乌鲁木齐地窝铺国际机场曾跻身于全国四大国际机场之一。目前，乌鲁木齐地窝铺国际机场已成为我国西部重要的枢纽机场之一，飞行区等级为4E，承担着新疆境内10个机场的中转任务，共开辟航线113条，其中国内航线99条，国外航线14条，与北京、上海、广州、香港、伊斯兰堡、莫斯科等60个大中城市通航。先进的机场设施、独特的区位优势和热情周到的服务吸引了国内外14家航空公司在乌鲁木齐地窝铺国际机场运营。

（十五）福州长乐国际机场

福州长乐国际机场位于福州市东南方向长乐市在漳港镇的一块沙地，距离福州市中心约55公里。机场有一条长3600米、宽45米的跑道，和一条长3600米、宽23米的平行滑行道，水泥道面，飞行区等级为4E。是福建省福州市主要的国际机场，也是厦门航

空公司的基地机场。

福州长乐国际机场于 1997 年 6 月 23 日投入使用，为国内首座完全由地方政府自筹资金兴建的大型现代化航空机场。

（十六）重庆江北国际机场

位于重庆市郊东北方向 21 公里渝北区两路镇，是西南地区三大航空枢纽之一，其率先在西部地区开通直飞欧洲的航线。机场为 4E 级民用机场。混凝土跑道一条，长 3200 米，宽 45 米。一期工程按设计年旅客吞吐量 100 万人/次、候机楼高峰小时旅客流量 800 人/次，占地面积为 4500 亩，于 1990 年 1 月正式建成并投入使用，二期工程于 2004 年 12 月 12 日正式运行。

重庆江北国际机场 2007 年旅客吞吐量达到 1036 万人次，位列国内机场的第 10 位。

（十七）海口美兰国际机场

海口美兰国际机场位于海南省海口市，距海口市区 2.7 公里。美兰国际机场目前是国内干线机场，占地面积 583 公顷，飞行区等级按国际民航组织制定的 4E 级标准修建，可满足波音 747－400 等大型飞机的起降要求。跑道配备世界先进水平的二类助航灯光系统，通信导航设备二类仪表着陆系统，其他航管及机场服务设施也达到国际先进水平。

（十八）三亚凤凰机场

凤凰机场位于海南省三亚市中西北部的羊栏镇凤凰村，东距三亚市中心约 14 公里，西距天涯海角旅游风景区 5 公里。2006 年投入使用。

三亚凤凰机场正逐步发展成为南中国海的飞行中转、备降枢纽，并为广大客户营造良好的经营环境和广阔的市场空间。三亚凤凰机场将以航空旅游市场的繁荣发展和重要的航空运输枢纽地位，成为世界尤其是亚太区域新的亮点。

（十九）南京禄口国际机场

南京禄口国际机场位于江苏省南京市东南部，距南京市中心直线距离为 35.8 公里。南京禄口国际机场 1995 年 2 月 28 日正式开工，1997 年 7 月 1 日香港回

归祖国之日正式通航。同年 11 月 18 日，经国务院批准，南京禄口国际机场对外国籍飞机开放。

南京禄口国际机场是中国重要的干线机场，是华东地区的主要货运机场，与上海虹桥机场、浦东机场互为备降机场。

南京禄口国际机场 2006 年航班起降 6.44 万架次，旅客吞吐量 626.9 万人次，货邮吞吐量 15.2 万吨，旅客吞吐量排名全国机场第 15 位，货邮吞吐量排名全国机场第 10 位。

（二十）景洪西双版纳机场

西双版纳机场位于云南景洪市城市的西南，直线距离距市中心约 5 公里，机场于 1987 年 12 月 1 日动工兴建，1990 年 4 月 7 日正式投入使用。景洪机场有通往大理、丽江、上海、郑州、天津、成都、重庆等主要城市的国内航线，还有至曼谷的国际航线。

（二十一）拉萨贡嘎机场

拉萨贡嘎机场位于西藏自治区山南地区贡嘎县甲竹林镇，坐落在壮丽的雅鲁藏布江南岸，距离拉萨市区约 100 公里。海拔 3600 米，跑道长 4000 米，宽 45 米，机场等级 4E，可供波音 747、空中客车等大型飞机起降，是世界上海拔最高的民用机场之一。

自 1965 年开航以来，拉萨贡嘎机场也得到了空前的发展。民航拉萨航站成立之初仅有 16 人，如今已有员工 500 多人；机型由开航时的涡轮螺旋桨式伊尔 18，到 1983 年被涡轮喷气式波音 707 机型取代，1992

年更新为波音 757，1998 年 11 月又增加了 A340 大型客机；航线由通航时的 1 条增至目前的 12 条，其中有 1 条拉萨—加德满都国际航线，国内通航城市有北京、成都、上海、广州、重庆、西安、西宁、昆明、迪庆、昌都以及香港等，航班每周 40 多班；年旅客吞吐量达 70 万人次。

随着国家西部大开发战略的实施，为拉萨贡嘎机场基础设施的完善提供了前所未有的历史机遇。硬件设施的极大改善为拉萨贡嘎机场的发展打造了坚实的物质平台，如今一座花园式的现代化空港已屹立在雪域高原，蓄势待发的西藏航空业将在地球之巅腾飞。

## 第六节　国内航线部分城市及机场三字代码

在民航运输工作中经常使用各种代码，常用的代码包括：三字地名代码、航空公司两字代码、航空公司部门代码、机型代码、月份代码以及其他常用代码。

## 一、全国重要城市（机场）三字地名代码

| 城市名 | 代码 | 机场名 | 地区 | 城市名 | 代码 | 机场名 | 地区 |
|---|---|---|---|---|---|---|---|
| 阿克苏 | AKT | 红旗坡 | 新疆 | 阜阳 | FUC | 西关 | 安徽 |
| 阿勒泰 | AAT | 阿勒泰 | 新疆 | 福州 | FOC | 长乐 | 福建 |
| 安康 | AKA | 安康 | 陕西 | 赣州 | KOW | 黄金 | 江西 |
| 安庆 | AQG | 大龙山 | 安徽 | 格尔木 | GOQ | 格尔木 | 青海 |
| 宝山 | BSD | 宝山 | 云南 | 广汉 | GHN | 广汉 | 四川 |
| 包头 | BAY | 包头 | 内蒙古 | 广州 | CAN | 白云 | 广东 |
| 北海 | BHY | 福成 | 广西 | 桂林 | KWL | 两江 | 广西 |
| 北京 | PAK | 首都 | 北京 | 贵阳 | KWE | 龙洞堡 | 贵州 |
| 长春 | CGQ | 大房身 | 吉林 | 哈尔滨 | HEB | 太平 | 黑龙江 |
| 黄岩 | HYN | 路桥 | 浙江 | 哈密 | HMI | 哈密 | 新疆 |
| 长海 | CNI | 长海 | 辽宁 | 海口 | HAK | 美兰 | 海南 |
| 长沙 | CSX | 黄花 | 湖南 | 梅县 | MXZ | 梅县 | 广东 |
| 长治 | CIH | 长治 | 山西 | 牡丹江 | MDG | 海浪 | 黑龙江 |
| 常州 | CZX | 奔牛 | 江苏 | 海拉尔 | HLD | 东山 | 内蒙古 |
| 朝阳 | CHG | 朝阳 | 辽宁 | 杭州 | HGH | 萧山 | 浙江 |
| 成都 | CTU | 双流 | 四川 | 汉中 | HZG | 西关 | 陕西 |
| 赤峰 | CIF | 赤峰 | 内蒙古 | 合肥 | HFE | 驼岗 | 安徽 |
| 台州 | HYN | 路桥 | 浙江 | 黑河 | HEK | 黑河 | 黑龙江 |
| 重庆 | CKG | 江北 | 重庆 | 衡阳 | HNY | 衡阳 | 湖南 |
| 大连 | DLC | 周水子 | 辽宁 | 和田 | HTN | 和田 | 新疆 |
| 达县 | DAX | 达川 | 四川 | 黄山 | TXN | 屯溪 | 安徽 |
| 丹东 | DDG | 浪头 | 辽宁 | 西昌 | XIC | 青山 | 四川 |
| 敦煌 | DNH | 敦煌 | 甘肃 | 齐齐哈尔 | NDG | 三家子 | 黑龙江 |
| 恩施 | ENH | 恩施 | 湖南 | 上海 | SHA | 虹桥 | 上海 |
| 嘉峪关 | JGN | 嘉峪关 | 甘肃 | 汕头 | SWA | 外砂 | 广东 |
| 吉林 | JIL | 二台子 | 吉林 | 荆州 | SHS | 沙市 | 湖北 |
| 晋江 | JJN | 晋江 | 福建 | 沈阳 | SHE | 桃仙 | 辽宁 |
| 喀什 | KHG | 喀什 | 新疆 | 洛阳 | LYA | 洛阳 | 河南 |
| 库车 | KCA | 库车 | 新疆 | 九江 | JIU | 庐山 | 江西 |
| 库尔勒 | KRL | 库尔勒 | 新疆 | 泸州 | LZO | 泸州 | 四川 |
| 昆明 | KMG | 巫家坝 | 云南 | 芒市 | LUM | 芒市 | 云南 |
| 兰州 | LHW | 中川 | 甘肃 | 西安 | SIA | 咸阳 | 陕西 |

| 城市名 | 代码 | 机场名 | 地区 | 城市名 | 代码 | 机场名 | 地区 |
|---|---|---|---|---|---|---|---|
| 拉萨 | LXA | 贡嘎 | 西藏 | 南昌 | KHN | 昌北 | 江西 |
| 丽江 | LJG | 丽江 | 云南 | 南充 | NAO | 高坪 | 四川 |
| 连云港 | LYG | 白塔埠 | 江苏 | 温州 | WNZ | 永强 | 浙江 |
| 呼和浩特 | HET | 白塔 | 内蒙古 | 武汉 | WUH | 天河 | 湖北 |
| 吉安 | KNC | 吉安 | 江西 | 锡林浩特 | XIL | 锡林浩特 | 内蒙古 |
| 佳木斯 | JMU | 佳木斯 | 黑龙江 | 西宁 | XNN | 曹家堡 | 青海 |
| 南京 | NKG | 禄口 | 江苏 | 景洪 | JHG | 西双版纳 | 云南 |
| 贵阳 | KWE | 龙洞堡 | 贵州 | 徐州 | XUZ | 观音 | 江苏 |
| 南宁 | NNG | 吴圩 | 广西 | 延安 | ENY | 二十里铺 | 陕西 |
| 南通 | NTG | 兴东 | 江苏 | 延吉 | YNJ | 朝阳川 | 吉林 |
| 南阳 | NNY | 姜营 | 河南 | 烟台 | YNT | 莱山 | 山东 |
| 宁波 | NGB | 栎社 | 浙江 | 深圳 | SZX | 宝安 | 广东 |
| 且末 | IQM | 且末 | 新疆 | 石家庄 | SJW | 正定 | 河北 |
| 青岛 | TAO | 流亭 | 山东 | 思茅 | SYM | 思茅 | 云南 |
| 庆阳 | IQN | 庆阳 | 甘肃 | 太原 | TYN | 武宿 | 山西 |
| 秦皇岛 | SHP | 秦皇岛 | 河北 | 塔城 | TCG | 塔城 | 新疆 |
| 三亚 | SYX | 凤凰 | 海口 | 天津 | TSN | 滨海 | 天津 |
| 万州 | WXN | 五桥 | 重庆 | 潍坊 | WEF | 潍坊 | 山东 |
| 义乌 | YIW | 义乌 | 浙江 | 榆林 | UYN | 西沙 | 陕西 |
| 遵义 | ZYI | 遵义 | 贵州 | 张家界 | DYG | 荷花 | 湖南 |
| 湛江 | ZHA | 湛江 | 广东 | 昭通 | ZAT | 昭通 | 云南 |
| 郑州 | CGO | 新郑 | 河南 | 珠海 | ZUH | 三灶 | 广东 |
| 武夷山 | WUS | 武夷山 | 福建 | 梧州 | WUZ | 长洲岛 | 广西 |
| 厦门 | XMN | 高崎 | 福建 | 宜宾 | YBP | 高坪 | 四川 |
| 宜昌 | YIH | 三峡 | 湖北 | 银川 | INC | 河东 | 宁夏 |
| 伊宁 | YIN | 伊宁 | 新疆 | 景德镇 | JDZ | 罗家 | 江西 |
| 锦州 | JNZ | 小岭子 | 辽宁 | 舟山 | HSN | 普陀山 | 浙江 |
| 大理 | DLU | 大理 | 云南 | 乌鲁木齐 | URC | 地窝铺 | 新疆 |
| 乌兰浩特 | HLH | 乌兰浩特 | 内蒙古 | 酒泉 | CHW | 酒泉 | 甘肃 |

**二、航空公司两字代码**

（一）中国航空集团公司（CA）　　　　　基地在北京

中国国际航空公司　　　　　　　　　基地在北京

| | |
|---|---|
| 中国西南航空公司 | 基地在成都 |
| 中国航空公司（浙江分公司） | 基地在杭州 |
| （二）中国东方航空集团公司（MU） | 基地在上海 |
| 中国东方航空公司 | 基地在上海 |
| 中国西北航空公司 | 基地在西安 |
| 云南航空公司 | 基地在昆明 |
| 武汉航空公司 | 基地在武汉 |
| （三）中国南方航空集团公司（CZ） | 基地在广州 |
| 中国南方航空公司 | 基地在广州 |
| 中国北方航空公司 | 基地在沈阳 |
| 新疆航空公司 | 基地在乌鲁木齐 |
| （四）海南航空股份有限公司（HU） | 基地在海口 |
| （五）厦门航空公司（MF） | 基地在厦门 |
| （六）上海航空公司（SF） | 基地在上海 |
| （七）山东航空公司（SC） | 基地在济南 |
| （八）深圳航空公司（ZH） | 基地在深圳 |
| （九）四川航空公司（3U） | 基地在成都 |

## 三、其他常用代码

| | |
|---|---|
| 儿童 CH 或 CHD | 婴儿 IN 或 INF |
| 成人 AUD | 学生　SD |
| 教师 DT | 无人陪伴儿童　MU |
| 重要旅客 VIP | 给行李买票　CBBG |
| 担架旅客 STCR | 多占座位　EXST |
| 特殊旅客 SP | 轮椅旅客　WCTS |
| 素食 VGML | 清真餐 MOML |
| 犹太餐 KSML | 糖尿病人餐 DBML |
| 印度餐 HNML | 儿童餐 CHML |
| 婴儿餐 BBML | 无盐餐食 SOLTFREE/FATFREE |
| 溃疡病人餐 ULML | |

# 思考与练习

一、基础练习

1. 说出航空港的管理体制，分析各自的优缺点。

2. 空港城市的类型有哪些？

3. 航空港的分级是怎样的？

4. 航空港的主要组成部分有哪些？

二、了解我国国内重要城市机场的名称和飞行区等级。

三、熟记我国国内主要城市机场的三字代码以及各种航空代码。

四、我国的三大航空集团公司的名称是什么，说出它们各自的两字代码。

# 第七章　通用航空

## 第一节　概述

### 一、通用航空的发展

（一）世界的发展情况

通用航空的开始：飞机出现后，航空活动主要从事展示飞机的性能和创造新的飞行记录，如 1909 年悬赏飞越英吉利海峡的活动等，激励着航空业的发展。

1914 ~ 1918 年：第一次世界大战，打断了通用航空的发展。

1918 ~ 1939 年：持续着战前的各种创纪录飞行，开始用于农业服务，为交通不便的地区提供医药、邮递、救援等服务，公务服务等，初步形成了一个完整的通用航空供需市场。

1939 ~ 1945 年：第二次世界大战，再次中断了通用航空的发展。

1945 ~ 1985 年：通用航空进入了更多的领域，如空中游览服务等，并且直升机进入了通用航空，拓展了服务范围，如海上石油平台服务，山区或无机场区的救援、联络、空中吊装服务等。

1985 年至今：通用航空的发展受到了限制，主要是因为飞机价格及其他成本的提高、航路的拥挤和环境的要求等。

对于发达国家来说，今后主要是提高服务内容和质量，发展中国家还有较大的发展前景。

（二）我国的发展情况

通用航空的开始：例如 1911 年的飞行表演及 1913 年我国第一所飞行学校的创立，标志着我国通用航空的开始。

通用航空的简短发展：从 1930 年，国民政府创立了航空摄影队，承担水利、铁路、地质的测绘任务，但直到 1949 年没有太大的发展。

通用航空体系的形成：解放后，通用航空在更多的领域有了较大的发展，飞机播种、除草、施肥及工矿业勘测、石油开发等，并于 1986 成立了通用航空公司及直升机公司，正式使用"通用航空"这一名词代替以前的"专业航空"，标志着我国通用航空事业与国际的接轨。

## 二、通用航空企业的组织形式

通用航空企业的主要形式有专营通用航空的公司、航空运输公司兼营通用航空和通用航空服务站三种。

（一）专营通用航空的公司

这是我国通用航空企业的主要形式。

资金来源及组织形式：资金主要来源于中央政府的相关部门或地方政府，公司组织形式与航空运输公司类似，具有航行、维修、商务等部门。

特点：通用航空公司的业务带有季节性（农业服务）、不固定性（救援）和公益性质，利润低。

（二）航空运输公司兼营通用航空

这是我国通用航空的重要力量。

组织形式：以航空运输为主，下属通用航空分部。

特点：不必单独设立整套的行政机构、维修和后勤保障系统，效益得到提高；但是存在航空运输和通用航空之间协调的矛盾。

（三）通用航空服务站（固定基地经营站）

这是国外通用航空服务企业的主要形式。

组织形式：以机场为依托，为通用航空的飞行服务。如提供加油、维修、机库等航线服务，经营飞机备件或整个飞机的交易，经营飞行训练，出租飞机和从事专业航空的飞行任务。

特点：独立开展业务，与机场有一定的互利关系，得到机场的资助，发展稳定。

（四）非航空企业的公务机队

20 世纪 70 年代，大型化公司和跨国公司为了自身业务的需求，建立了属于自己公司的机队。

组织形式：公司下设航空部或飞行部来管理飞行事务。

# 第二节　农业航空

## 一、农业航空的任务

农业航空执行的任务为农、林、牧、渔各行业的服务，主要有下列各项：

（一）航空喷洒

航空器喷洒化学制剂或生物制剂来保证作物的生长和控制病虫害。如为防止大面积农业和林业虫害或草原上的鼠害，可进行航空喷洒，解决了地面交通不便，效率低的问题；对小麦、大豆、水稻、棉花等作物进行喷施肥料、生长激素及除草剂等，提高了效

率和农作物的产量。

（二）飞机播种

飞机播种适用于大面积的播种作物，效率高、速度快、播种均匀。

飞机播种包括造林、种草、农作物等。其中飞播造林和飞播种草特别适用于交通不便、地广人稀的地区，同时依据当地的气候条件，保证成活率；飞机播种作物产量较低，但节约了大量的劳动力，在出现除草剂后被大范围使用。

（三）航空监护

航空监护包括林区的监视、勘测、救援、灭火、运送设备和人员等任务；渔业中鱼汛的监视、鱼苗的运输和空投；对野生动物的监测、保护和生活规律调查。

（四）人工降水

为缓解旱情、森林灭火、增加水库库容量，用飞机在云层中扰动并撒放结晶核心和催化剂，使云中的水滴或冰晶迅速凝结，向地面降水。

## 二、农业航空的装备

农业航空的装备包括农业飞机和喷洒设备。

（一）农业飞机

使用要求：由于农业飞机多用于喷洒农药和播撒种子，所以要求飞机飞行高度尽量接近作物或地面；飞行速度不能太快；横向机动性好；可使用土跑道；坠损安全性好等。

设计特点：为提高低速时的效率，农业飞机一般使用活塞式螺旋桨飞机；为提高升力，增加机动性，农业飞机多采用下单翼布局；为保证在一般使用和触地事故中的安全性，飞机的前机身和驾驶室结构较强；为增加其机动性，飞机体型不能太大。

（二）喷洒设备

喷洒设备包括喷粉和喷液两种设备。

喷粉设备用于喷撒粉剂农药、颗粒状化肥和各类种子，由药桶、搅拌器和扩散器组成，固定在机身下方，要求喷洒均匀，撒量准确。

喷液设备由药桶、搅拌器、喷液泵、控制阀门、喷液管道和喷口组成，喷洒管道和喷口通常沿机翼的后缘均匀分布，也有集中安装在翼尖的。

## 三、农业航空的发展和面临的问题

（一）面临的问题

大范围的使用化学制剂有悖于环境保护原则；

使用范围受到限制，仅适用于大面积作业，对小面积、园艺化的精耕细作不适用；季节性强，成本高，盈利低。

（二）新的发展

改进对农业防虫除害的手段和药物；

改进航空器的性能，降低成本，提高盈利；

进行精细作业，一方面，在控制药物上做到更精细，撒播位置更准确；另一方面，使作业小型化，如使用遥控的飞机模型等，使在小块耕作的田地上作业有更高的效率。

[小资料] 渔业飞行

传统的渔业捕捞是采取万船竞发、遍地撒网的原始方式，只有少数远洋大渔船配备有鱼汛搜索雷达，难得发现大的鱼汛。而近海多为劳动密集型的中小渔船参与捕捞，如能开发近海空中鱼汛巡查飞行，将大大提高渔业生产效率。

近海作业渔船的后勤补给，如能利用空中支持，将大大提高作业效率。

渔业管理部门利用飞机开展空中执法飞行，也将大大改善现有的落后手段，提高管理力度。

# 第三节　工业航空

## 一、概况和类别

为了与农业航空区别，定义了工业航空，若单单以服务对象的行业区别航空的性质，工业航空这个概念就不是很适合了。

工业航空主要分为两类：

一是航空观察和探测。包括航空摄影、航空探矿、航空遥感和航空观察。

二是航空作业。包括航空救援、石油开发服务、空中吊装等。

二、航空观察和探测

（一）航空摄影

使用范围及意义：

地图或地形图的绘制，代替了艰苦的野外作业，极大地提高了准确性，速度快、效率高；

大规模的工程建设，如城市规划、水利建设、铁路、输油管道勘察、矿山油田的建立，需要通过航空摄影取得相应的地质资料；

调查土地资源、森林资源、农业土壤分布及作物情况等。

（二）航空遥感

基本概念：将物体对电磁波的辐射和反应特征记录下来，进行识别和判断的技术称为遥感，同样，将遥感器安装在航天器上进行探测就称为航天遥感。

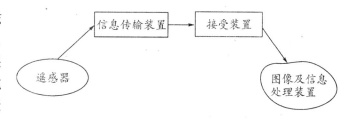

系统组成：整个系统包括遥感器、信息传输装置、接受装置和图像及信息处理装置。遥感器包括照相机、电视摄像机、多光谱扫描仪、微波辐射计和合成孔径雷达等。

应用：气象观测、地球资源考察、生态考察、考古等。

**小资料**

航空遥感

目前，世界上利用航空作业的基本上都是利用遥感这一科学的应用。所谓遥感，顾名思义，就是遥远地感知。传说中的"千里眼""顺风耳"就具有这样的能力。

人类通过大量的实践，发现地球上每一个物体都在不停地吸收、发射和反射信息和能量，其中有一种人类已经认识到的形式——电磁波，并且发现不同物体的电磁波特性是不同的。遥感就是根据这个原理来探测地表物体对电磁波的反射和其发射的电磁波，从而提取这些物体的信息，完成远距离识别物体。

**小资料**

气象探测

如今的气象飞机，除携带大气数据测量仪器外，还安装了天气雷达、大气物理和大气化学数据采样仪器、红外线和微波辐射仪等遥感设备。测量领域也大大扩大了；探测的项目有

大气成分，温、湿、压、风等基本气象要素，大气湍流，大气电场，大气化学成分，云和降水的宏观、微观参数，强对流天气等，甚至污染物的扩散也被包括在气象飞机的侦察业务之中。

### （三）航空物理探测

利用探矿仪器在航空器上从空中探测地球各种物理参数的变化来寻找矿藏，称为航空地球物理探矿，简称为航空物理探矿。它主要通过测量地球各点磁力的大小、放射性射线的强度、地球的重力和电磁波等情况，建立起地质结构图，找出矿藏。

**读一读**

航空探矿

在人们还没有利用航空探矿之前，人们采用的是传统的"地震探矿""重力探矿"。传统的探矿方式，既耗人力，又耗物力。相对而言，航空探矿则有比较先进，准确度高等优点。

所谓航空探矿的现象是：在飞机上利用地磁仪可以探测地下是否有铁矿，利用伽马射线光谱仪可以估测地下是否有铀矿。把遥感信息与物探数据进行比较和综合分析，就可能比较准确地圈定找矿远景的地段。法国地质局从卫星照片上发现非洲尼日尔盆地的一些线性结构可能埋藏着铀矿，于是进行航空磁测和放射线测量，并制作了1：10万的伽玛等值线图和剩余磁场图，果然在这里发现了放射线异常的现象，并经过野外实地检测，圈定出寻找铀矿的远景地段，进而在这里找到了铀矿。

### 三、航空作业

### （一）海上石油开发服务

海上石油的生产基地是采油平台，它相当于在海洋中固定的大型船舶。

主用直升机。

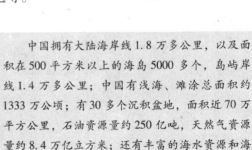

作业项目包括：采油平台上人员的轮换、食物供给、医疗救援、备件供给及设备吊装等。

优越性：速度快、安全、舒适、直达运送等。

**读一读**

海洋监测

海洋覆盖了地球表面的71%，是全球生命支持系统的一个基本组成部分，也是资源的宝库，环境的重要调节器。人类社会的发展必然会越来越多地依赖海洋。中国作为一个发展中的沿海大国，国民经济要持续发展，必须把海洋的开发和保护作为一项长期的战略任务。

中国拥有大陆海岸线1.8万多公里，以及面积在500平方米以上的海岛5000多个，岛屿岸线1.4万多公里；中国有浅海、滩涂总面积约1333万公顷；有30多个沉积盆地，面积近70万平方公里，石油资源量约250亿吨，天然气资源量约8.4万亿立方米；还有丰富的海水资源和海洋可再生能源。

**小资料**

卫生防治

如今的社会，环境污染严重，地球上每天会诞生几百种变异的细菌或微生物，而部分则对人体有危害，轻则感冒发烧，重则死亡。因此为了人类的延续，改变环境污染，拯救地球是现在各个国家的口号。

对人类生存的环境间断性地进行消毒，对于防止很多疾病是起到防患于未然的作用。利用航空来喷洒消毒，是解决大面积消毒的最好方法。

医疗救护：

在山高林密的险要地段伤者垂危，在远离城市的高速公路出现车祸，在近海海域出现海难，在地面交通难以到达的地方，为争夺伤病者的宝贵救治时间，医疗急救飞行不啻是一个上佳选择。

（二）空中巡逻

飞艇、直升机和飞机都可用。

作业项目：对高压输电线路、输油管道沿线以及交通情况、火警情况进行巡逻。

（三）空中吊装作业

主用直升机。

作业项目：高层建筑大型预制件、高大的广播电视塔和烟囱的吊装；吊装高压输电线的塔架；林区、山区木材或其他设施的吊运等。

（四）空中游览

主用小型多用途飞机或直升机。

作业项目：在某一个地区技能型观光飞行，如山区、海滨等。

（五）空中广告

随着市场经济竞争日益激烈，为了减轻商家广告策划的繁琐工作，新颖、机动的航空广告媒体，比如利用飞艇或飞机牵引旗帜飞行，或用飞机拉烟在天空形成文字或图像广告，可以让商家在广告大战中抢占先机。

**小资料**

城市消防

当火灾的着火点超过消防车的水压高度的时候，即使有云梯，也是无可奈何的事情；当大面积的森林着火时，又岂是普通的消防车所能奈何的？当在陆地上的消防没有作用的时候，我们是不是就只有看着大火肆虐？利用航空消防，与地面形成一个立体的消防网，即使再猛烈的大火，它也嚣张不起来。

## 第四节 驾驶员培训

### 一、概况

航空器可靠性大幅度的提高，使由设备故障造成的事故占整个事故的比例下降到5%以下，而人为故障上升到70%以上，驾驶员的素质称为飞行安全中的主要问题之一。随着航空技术的进步，对驾驶员的知识和能力的要求也在不断地提高，驾驶员培训或训练飞行就是一个主要的内容。

### 二、民航驾驶员的分级和培训要求

驾驶员的分级：由低到高分为5级，飞行学员、私人飞行员、商业飞行员、教员、航空公司航线飞行员。

对驾驶员的要求：驾驶员的身体要合格，并要定期体检，具备一定的航空和飞行知识，有熟练的操纵技巧，有一定时间的飞行经验和处理飞行中不同情况的能力等。每升高一级要求就相应提高。

### 三、飞行训练设备

（一）教练飞机

1. 初级教练机

使用目的：培养初级飞行技术（飞行学员、私人驾驶员），培养学员掌握基本飞行技术，检验学员的飞行素质和适应飞行的能力。

特点：按专门要求设计，飞行速度低，起飞、降落速度小，易操纵，安全性好，结构结实。

2. 高级教练机

使用目的：培养飞行员掌握仪表飞行规则的飞行和长距离、较大吨位的多种天气条件下的飞行技能。

特点：多使用与培训要求相近的小型公务机。

3. 相应的运输飞机

使用目的：培养航线飞行员。

特点：吨位大，使用成本高，占用生产时间。

（二）飞行模拟机

飞行模拟机包括电子模拟和人工视景技术，用于地面模拟飞机在空中的操作状况。

优越性：降低成本；避免飞行训练中的安全问题，减少了事故损失，减轻了学员的压力，提高了训练效果；模拟机可以制造各种飞行状况，如大雾、侧风、跑道结冰等；

使用时间不受限制。

### 四、驾驶员训练的进展

模拟机的出现，航空生理学和航空心理学的进展驾驶员技能训练和经验增长的方式由原来的空中教学变为地面培训和空中训练相结合的方式；使学员的选拔和效果评估由原来的少数人的主观判断变为综合性的科学测试。

模拟机的出现，使空中培训时间大为减少。

航空生理学的进展对驾驶员的身体要求有了更为科学的依据和要求。噪声、振动、运动、低气压对身体器官的影响，人对环境的适应和耐受能力等方面的深入研究，对体格标准有了新的规定，并且对有些生理反应和易发生的症状有了预防和保护措施，使驾驶员的选材和培养成功率得到提高。

航空心理学的发展，为监测驾驶员心理素质提供了具体方法，改变了原来需要长期观察的过程，提高了效率。

驾驶员心理素质包括感知判断能力、注意力分配及转移、反应速度、手足协调能力、合作倾向等。

## 思考与练习

1. 我国通用航空企业的主要形式为(　　)。

　　A. 专营通用航空的公司

　　B. 航空运输公司兼营通用航空

　　C. 通用航空服务站（固定基地经营站）

　　D. 非航空企业的公务机队

2. 国外通用航空企业的主要形式为(　　)。

　　A. 专营通用航空的公司

　　B. 航空运输公司兼营通用航空

　　C. 通用航空服务站（固定基地经营站）

　　D. 非航空企业的公务机队

3. 20 世纪末，通用航空的发展受到了限制，原因是(　　)。

　　A. 飞机的价格和其他成本增高

　　B. 航路拥挤及对飞行安全的要求

　　C. 环境保护对通用航空的要求

　　D. 以上都是

4. 对于通用航空的发展，下面说法不正确的是(　　)。

　　A. 早期的航空活动没有军事和商业用途，是以通用航空的形式出现

　　B. 第一次世界大战，促进了通用航空的发展

　　C. 第二次世界大战后，通用航空发展到了更多的领域，如救援、联络、海上石油平台服务等

　　D. 20 世纪末，通用航空发展趋缓

5. 对于我国通用航空，以下说法不正确的为(　　)。

　　A. 我国通用航空开始于 20 世纪初我国第一所飞行学校的建立

　　B. 我国通用航空开始后，有了持续快速的发展

　　C. 专营通用航空的公司是我国通用航空企业的形式之一

D. 运输航空公司下属一个通用航空部门或机队是我国通用航空企业的形式之一

6. 以下关于专营通用航空的公司的说法，不正确的是( )。

A. 我国通用航空企业的主要形式

B. 国外通用航空企业的主要形式

C. 资金来源主要靠政府

D. 公司内航行、维修、商务等部门齐全

7. 通用航空的业务性质为( )。

A. 季节性　　　　B. 不固定性

C. 公益性　　　　D. 以上都是

8. 以下关于航空运输公司兼营通用航空的说法，正确的是( )。

A. 我国通用航空企业的主要形式

B. 国外通用航空企业的主要形式

C. 航空运输为主，兼有通用航空

D. 改变组织形式，下设整套行政机构、维修和后勤保障系统

9. 关于通用航空服务站说法正确的是( )。

A. 我国通用航空企业的主要形式

B. 国外通用航空企业的主要形式

C. 资金来源主要靠政府

D. 业务通常不饱满，经常性亏损，阻碍了其发展

10. 关于非航空企业的公务机队说法正确的是( )。

A. 我国通用航空企业的主要形式

B. 国外通用航空企业的主要形式

C. 资金来源主要靠政府

D. 为适应公司大型化和国际化趋势而产生的

11. 通用航空是指( )。

A. 作为军用航空的辅助

B. 作为商业航空的辅助

C. 包括军用航空和商业航空

D. 除了军用和商业航空外的航空

12. 以下不属于农业航空任务的是( )。

A. 航空监护　　　B. 空中吊装

C. 航空喷洒　　　D. 飞机播种

13. 以下关于航空喷洒的任务说法不正确的是( )。

A. 喷洒化学剂，防治虫鼠害

B. 喷洒不同的化学除草剂，去除农作物中的杂草

C. 喷洒生产调节剂，使棉花等作物在同一时间成熟，便于采摘

D. 对一些作物喷施肥料或生长激素

14. 对于航空喷洒的特点，以下说法不正确的是( )。

A. 对防止森林的各种虫害，解决了交通不便的问题，但效率较低

B. 航空施肥，使作物大面积增产，大幅度提高了经济效益

C. 航空除草及时、效率高，使作物大幅度增产

D. 喷洒生产调节剂，提高了产量，利于机械采摘

15. 对于飞机播种造林，以下说法不正确的是( )。

A. 适用于交通不便地区

B. 适用于地广人稀地区

C. 适用于水源充沛地区

D. 比人工造林成本低，速度快

16. 对于飞机播种作物，以下说法不正确的是( )。

A. 早期飞机播种的作物仅限于一些粗放耕作的作物

B. 高效除草剂的出现，使得水稻直播成为现实

C. 飞机播种水稻产量高于人工播种

D. 飞机播种作物节省了大量劳动力

17. 航空监护包括( )。

A. 航空护林

B. 鱼情通报和空投鱼苗

C. 人工降雨

D. 以上都是

18. 航空护林的特点是( )。

A. 巡逻范围大

B. 发现火情及时

C. 迅速进行救火工作提高灭火效率

D. 以上都是

19. 对于农业飞机，下列说法正确的是（ ）。

  A. 农业飞机作业，要求飞机飞行高度离作物越近越好

  B. 农业飞机作业时，要求飞机速度不能太快

  C. 农业飞机要求其坠损安全性好

  D. 以上都是

20. 对于农业飞机，下列说法正确的是（ ）。

  A. 农业飞机要求横向机动性好

  B. 农业飞机能使用土跑道

  C. 农业飞机多为活塞式螺旋桨飞机，成本低，低速效率高

  D. 以上都对

21. 以下特点不属于农业航空的是（ ）。

  A. 工作速度快，作业面积大

  B. 可到达不易通行的山区、林区和荒漠

  C. 不适用于小面积、园艺化的精耕细作

  D. 季节性强，成本高，但盈利依然较大

22. 农业航空若要进一步发展，需从以下方面提高（ ）。

  A. 改进防治手段和药物，以适应环境要求

  B. 改进航空器性能，使之更适用于农业飞行

  C. 进行精细作业，拓宽服务领域

  D. 以上都对

23. 以下不属于工业航空作业的是（ ）。

  A. 人工降水    B. 航空摄影

  C. 石油开发服务  D. 航空遥感

24. 以下关于航空遥感的说法不正确的是（ ）。

  A. 将物体对电磁波的辐射和反应特征记录下来，进行判断和识别的技术称为遥感

B. 航空遥感适用的航空器为直升机

C. 遥感使用多种电磁波

D. 航空遥感广泛应用于气象观测、地球资源考察、生态考察等方面

25. 海上石油开发服务适用的航空器主要为（ ）。

  A. 气球    B. 飞艇

  C. 直升机    D. 飞机

26. 以下说法不正确的是：（ ）

  A. 空中巡逻适用的航空器可以是飞艇、飞机或直升机

  B. 空中巡逻速度应尽量快，迅速发现问题

  C. 空中巡逻执行任务有对高压输电线路、输油管道沿线等的巡逻

  D. 空中巡逻中，飞机较其他航空器速度快、反应快、效率高

27. 野生动物的监护属于下列哪种作业的任务？（ ）

  A. 航空监护

  B. 航空观察和探测

  C. 航空作业

  D. 工业航空

28. 下列哪项对考古专业起到了重要的推动作用（ ）。

  A. 航空摄影

  B. 航空遥感

  C. 航空物理探测

  D. 航空观察

29. 国际上通常把驾驶员由低到高分为5个等级，分别为（ ）。

  A. 飞行学员、私人飞行员、商业飞行员、教员、航空公司航线飞行员

  B. 飞行学员、商业飞行员、私人飞行员、教员、航空公司航线飞行员

  C. 飞行学员、教员、商业飞行员、私人飞行员、航空公司航线飞行员

  D. 飞行学员、航空公司航线飞行员、私人飞行员、商业飞行员、教员

30. 以下不属于教练飞机特点的是（ ）。

A. 飞行速度低

B. 起飞、降落速度小

C. 操纵较难

D. 有较高的安全性

31. 以下不属于飞行模拟机的特点的
是(　　)。

　　A. 训练成本较高

　　B. 避免了飞行训练中的安全问题

　　C. 制造各种飞行状况

D. 随时适用，不考虑天气情况

32. 以下说法不正确的是(　　)。

　　A. 驾驶员训练中，飞机模拟器的引入使空中
培训可以省去

　　B. 航空生理学的进展，对驾驶员身体要求有
了更为科学的依据和要求

　　C. 航空心理学的引用，对驾驶员的心理素质
要求有了科学依据

　　D. 较之先进的理论和技术出现之前，现在驾
驶员培训的成功率大幅提高

【附录一】

# 中国通用航空大事记（1951～2002）

（资料来源：民航资料库）

## 1951 年

中国民用航空局商务处除负责客、货运输业务外，开始承办专业航空业务。

从捷克引进爱罗－45型飞机10架，作为中国专业航空的专用机。

5月，民航首次派出C－46型飞机1架，承担广州市卫生局防治市、郊区蚊、蝇任务，揭开了新中国通用航空的序幕。

6～9月，空军派出波－2型飞机7架进行我国历史上的首次在河北黄骅、芦台、清河，苏北泗洪，湖北天门、汉川等蝗区进行飞机喷药治蝗，取得90%以上防治效果。

## 1952 年

中国民航局在天津组建中国第一支农林航空队，担任航空护林和治蝗任务。

中国民航局在北京成立飞行大队，其中第三中队为专业航空飞行中队，拥有波－2型飞机4架和爱罗－47型飞机10架。

## 1953 年

5～6月民航派出波－2型飞机2架，在江苏微山湖地区，喷撒666粉剂防治东亚飞蝗。里－2型飞机参加东北航空护林任务。

6～10月，林业部森林调查设计局为普查森林资源，租用民航里－2型飞机，对东北张广才岭林区进行航空摄影；租用民航C－46型飞机，对西北、西南林区进行森林航空调查；民航与地质部合作使用爱罗－45型飞机，在内蒙古白云鄂博铁矿区进行航空磁测试验。

# 1954 年

从苏联引进安－2型飞机5架装备天津农、林业航空队。

7～11月，使用两架爱罗－45型飞机，在热河承德地区进行大面积航空磁测；派出波－2型飞机1架，在河北省国营芦台农场开展空中施肥试验；民航局与林业部合作，在天津张贵庄机场，使用波－2型飞机1架，喷洒30%氯化钙水溶液火进行灭火试验。

# 1955 年

民航局组建专业航空队，下设农林业、航测两个飞行中队。

4月，民航派出安－2型飞机1架担任河北省国营芦台农场小麦喷施过磷酸钙肥料试验任务；林业部航测队使用民航里－2型飞机，以牡丹江为基地，对张广才岭、老爷岭林区进行航空摄影。

7～9月，民航派出安－2型飞机2架，在江苏大丰县喷洒25%DDT乳剂，防治棉花蕾铃期害虫。

# 1956 年

民航局成立专业航空处。

在长江下游及秦岭一带，首次进行放射性磁测飞行试验；在松辽平原首次使用里－2型飞机进行石油矿藏普查。

4～11月，民航派出安－2型飞机2架，在河南、甘肃等省喷撒1.5%666粉剂，防治小麦吸浆虫；在天津市郊区使用波－2型飞机喷药防治稻瘟病；民航派出波－2型飞机3架，在江西南昌稻区喷撒DDT乳剂防治水稻蝗虫。

我国自己生产的运5型飞机飞上蓝天。

1956年11月国务院决定，由民航逐步统一国内航测技术力量。

# 1957 年

民航先后接收了林业部、地质部和铁道部等有关单位，全面担负全国性的航摄任务。

2～3月，在云南、四川地区，使用里－2型飞机首次执行云南、四川地区航空护林任务。

3～8月，国家测绘总局聘请苏联航空重力勘测队，并租用伊尔－12、安－2型飞机各一架，在我国首次进行航空重力联测。

4～5月，民航第一次承担铁道部沿京包线和丰沙线，北京至大同段的铁路选线航空摄影。

# 1958 年

国产运5型飞机开始装备专业飞行队。

民航北京、兰州管理处成立专业航空科。

民航局专业航空大队改编为航测大队后调属民航北京管理处领导。

民航上海管理处组建专业飞行中队。

地区性的专业航空业务工作，下放到民航各管理处。民航上海、北京、乌鲁木齐管理处执行本地区农业、护林及地方航线任务。

6月11～23日，四川省林业厅与中国民航合作，在凉山彝族自治州西昌、喜德、昭觉3县交界的东西河，使用民航伊尔－14型飞机，首次获大面积飞播造林成功，建立了我国第一片飞播林。

6月，在内蒙主峡坝第一次使用飞机防治小麦秦莠病。

7～8月，民航派出运5型飞机7架在陕西和甘肃6个县，首次进行播种草种的试验。这是中国首次使用飞机空中飞播草种。

8～12月，在辽宁绥中县使用飞机喷栖DDT乳剂防治黏虫；在北京、广州、兰州先后使用安－2型飞机撒布催化剂进行人工降水试验。这是中国首次使用飞机进行空中催化降水作业。

12月，民航派出航摄技术人员及装备航空摄影仪的里－2型飞机，帮助越南在山林地区进行1：20000～1：30000比例尺的航摄。

# 1959 年

民航上海、广州、成都管理局成立专业航空科；民航北京、上海管理局组建专业飞行大队。至此，全国有78架运5型飞机和安－2型飞机，从事专业航空任务。

民航兰州管理局组建混合飞行大队。

3~4月，在北京市首次进行1:5000大比例尺城市航空摄影的生产性试验。

7月，黑龙江省延寿县，首次使用飞机喷洒2，4，5-T选择性除草剂与硫酸铵、6%可湿性666农药混合液，对水稻田进行除草、施肥和治虫试验，获得成功。这是中国首次使用飞机开展空中化学除草作业。

7~10月，使用改装伊尔-12型飞机，在内蒙古锡林浩特以东地区，首次进行雷达航摄试验。

8月，湖南省攸县，首次使用飞机喷撒1‰666粉剂防治松毛虫。

8月，民航局颁发《执行农业飞行的机务组和工作细则》（草案）。

# 1960 年

民航广州、成都管理局组建专业飞行中队。

4月，海南岛崖县南田农场，首次使用飞机撒硫黄粉防治橡胶白粉病。

5~10月，新疆农七师二十团农场及车排子二场，首次使用飞机喷洒1059等农药，对棉田进行防虫、施肥和脱叶催熟等综合作业。

7~8月，新疆哈密地区，首次使用伊尔-14型飞机在天山山脉投撒黑粉（煤灰），进行染黑融冰化雪作业，引雪水灌溉农田。

林业部在嫩江成立森林灭火专业队伍，实施森林灭火任务。

中国民航总局印发《航空化学工作指南》。

# 1966 年

民航北京管理局组建第二飞行总队。

3月，民航总局颁发《中国民用航空农业飞行工作细则》（草案）。

民航成都管理局同民航103厂合作将伊尔-14型飞机播种设备由半自动化改为全自动。

10月，民航陕西省局，在陕西农垦三团农场的黄河滩，使用飞机首次进行了播种小麦试验，利用黄河泥浆淹灌后覆种；民航第二十飞行大队与地质部合作，在陕西蓝田县和华县，首次使用直升机开展航空磁测飞行作业；民航沈阳管理局和民航黑龙江省局同农垦部试验场、五九七农场合作，在所在农场首次进行飞机播种水稻试验成功。

# 1967 年

从苏联引进安－12 型飞机。黑龙江省八五七农场首次进行飞机播种水稻试验。

# 1968 年

5 月，在江西鄱阳湖地区使用运 5 型飞机喷撒五氯酚钠农药消灭血吸虫中间寄主钉螺。

民航沈阳管理局等单位，使用飞机对水稻喷洒增产灵等植物生长调节剂。

从法国引进云雀－m 型直升机，1969 年开始执行专业飞行生产任务。

民航第二飞行总队开始研制自动电子印相机。1969 年研制成功原理样机，1970 年七一前夕，制成我国第一台自动电子印相机。

# 1969 年

民航第二飞行总队与民航 101 厂合作，将安－12 飞机 201 号改装成航摄、磁测两用机，并开始执行青藏高原地区的航摄、磁测任务。

# 1970 年

民航总局国内业务局、民航各管理局国内业务处承办专业航空业务工作。

江南光学仪器厂与民航第二飞行总队、空军航测团等单位协作，试制成功国产航摄仪航甲－17。1973 年 11 月设计定型，1979 年投产。

10 月，民航总局指挥部印发《运输五型飞机飞行手册》。

# 1971 年

2～4 月，民航第二飞行总队使用伊尔－14 型飞机，在广东兴宁地区采用航空红外线法勘测地下热水源；民航总局颁发《中国民用航空农业飞行工作细则》；安徽城西湖军垦农场开始用飞机直播水稻。

# 1972 年

从苏联引进米－8 型直升机 14 架，1975 年开始执行专业飞行生产任务。

首次在辽宁盘锦地区进行水稻大面积飞机喷洒增产灵试验。

# 1974 年

民航沈阳管理局在黑龙江大兴安岭地区进行红外线探火和在吉林、黑龙江省林区喷洒化学灭草剂开辟防火隔离带试验；新疆阿勒太地区第一次使用飞机进行护林飞行。

4～6月，民航第二飞行总队派出伊尔－14 型飞机，执行中朝边界航摄任务；民航黑龙江省局与省畜牧局合作，使用运 5 型飞机 2 架，在内蒙古地区呼盟，喷撒磷化锌毒饵防治布氏田鼠和土鼠。

6～7月，河北承德地区隆化县进行油松雨季飞播造林试验获得成功。

# 1975 年

3月，民航总局颁发《中国民用航空探矿飞行工作细则》。

民航第二研究所三室和农垦部药检所合作，开始对飞机超低量喷洒技术进行研究，并于 1975～1977 年在安徽、黑龙江、浙江、新疆等 10 个省（区）采用超低量喷洒技术，对危害农作物和森林的蝗虫、黏虫、蚜虫和松毛虫等害虫进行了防治试验，获得成功。

# 1976 年

中国民航总局印发《农、林业航空技术手册》。

从联邦德国进口 BO－105 型直升机，1977 年开始执行专业飞行生产任务。

2～3月，在广西柳州地区使用飞机喷撒白僵菌防治松毛虫。

6～9月，在沈阳市用米－8 型直升机首次进行市区 1∶3700、郊区 1∶7500 大比例尺自由图幅城市航空摄影试验性生产获得成功。

8月，唐山地区发生地震，民航派出运 5 飞机 4 架，使用超低量和常量设备喷洒有机磷杀虫剂，及时扑灭蚊、蝇，防止了疫病流行。

# 1977 年

3 月，我国自行设计制造的运 11 型飞机设计定型，作为农业机型。

春季，民航第二飞行总队，使用米 - 8 型直升机，在大兴安岭林区进行机载扑火队员机降灭火试验成功。

5~11 月，在辽宁辽阳，本溪、丹东等地，用飞机超低量喷洒氧化乐果，杀螟松乳剂防治松干蚧；民航吉林省局在乌兰毛都草原，应用飞机超低量喷洒马拉硫磷和 DDT 农药防治蚊、蝇试验；民航上海管理局使用运 5 型飞机，在浙江省萧山第一农垦场，首次播种大麦试验。

12 月民航总局印发《航摄规范》（试行）。

# 1978 年

2 月，民航总局成立专业航空组；民航沈阳管理局组建航空护林大队；从苏联引进安 - 30 型飞机和 AφA - 41 航摄仪，1979 年开始执行航摄生产任务；从加拿大引进双水獭（DHC - 6）型飞机，1980 年开始执行航空磁测生产任务；从瑞士引进 RC - l0 航摄仪。

5 月，在山西长治地区首次进行飞机喷洒石油助长剂防御小麦干热风的试验。

1978~1980 年，吉林省延边地区林业局在吉林敦化地区使用飞机超低量喷洒 10% 百菌清，防治落叶松早期落叶病。

6 月和 12 月，民航第二飞行总队开始用 Bo - l05 型直升机执行渤海、南海海上运输和救护飞行任务。

8 月，在湖南大通湖、金盆、北湖子三个国营农场，使用飞机低量喷洒 50% 4049、40% 稻瘟净混合液防治水稻害虫试验，稻飞虱、稻叶蝉防治效果。

11 月，民航上海管理局在浙江萧山第二农垦场，使用运 5 型飞机首次进行播种油菜试验。

民航黑龙江省局与带岭林业局合作，使用运 5 型飞机在带岭林区喷撒氟乙酰铵药丸，防治林区害鼠。

# 1979 年

4 月，在新疆巴州 29 团进行飞机播种水稻试验，获得成功。

6 月，民航派飞机在北方牧区的科左后、巴林右、乌审、盐池、吴旗和安塞等 6 个旗（县）进行飞播牧草试验。

7 月，民航黑龙江省局使用运 5 型飞机，在吉林省烨南县第一次开展空中释放赤眼蜂防治松毛虫试验。

8～9 月，广播事业局与日本广播电台（NHK）联合拍摄《丝绸之路》电视片。民航第二飞行总队安排云雀－Ⅲ直升飞机承担陕西、甘肃、新疆地区空中拍摄任务。

10 月，民航江苏省局等单位在江苏响水县大有农场，使用运 5 型飞机喷洒乙烯利对棉花进行催熟试验。

11 月 24 日深夜，"渤海二号"钻井船发生严重倾翻事故，民航第二飞行总队紧急出动 BO－l05 直升机前往执行搜索定位任务。

# 1980 年

2 月，民航总局成立专业航空局。下设农业、工业和石油航空 3 个处。民航北京管理局成立专业航空处。

5 月，民航总局决定在湛江、天津，由民航北京、广州管理局组建直升机中队。

从美国引进贝尔－212 型直升飞机，当年开始执行专业飞行生产任务；二机部购买 2 架贝尔－212 型，交民航管理使用，开展航空放射性测量；林业部购买 2 架贝尔－212 型直升机和 4 架米－8 型直升机，交民航用于东北地区航空护林；在南方草山区进行飞播牧草试验，效果显著；在云南思茅地区进行森林化学灭火试验。9 月，国际农业航空第 6 届会议在意大利都灵召开，中国民航派观察员参加会议。

10 月，国家测绘总局、总参测绘局、民航总局共同制定《1：5000、1：10000、1：25000、1：50000、1：100000 比例尺地形图航空摄影规范》。

10～11 月，民航与澳葡当局签订航摄协议，由第二飞行总队安排里－2 型飞机，完成了澳门本岛地区的航摄任务，成果优良。

民航兰州管理局等单位，使用运 5 型飞机在甘肃玛曲县喷洒血防－67，防治传播牲畜疾病的中间寄主推实螺。

年底，中国民航系统已有 14 个从事农、林业航空为主的专业飞行队，

# 1981 年

上海、广州、成都、兰州、沈阳管理局分别成立专业航空处。

民航北京管理局第二飞行总队从法国引进拉玛型直升机。

1月，民航总局颁发《中国民用航空专业飞行工作细则》。

4月，河南省堰师、巩县等33个县（市）的30个基地，使用43架飞机喷洒磷酸二氢钾和石油助长剂防御小麦于热风；在新疆巴州二十九团开展水稻、小麦、棉花飞机喷施综合作业，获得良好效果。

7月~10月，从瑞典，美国、日本分别引进多光谱摄影机，接触两用电子印相机、彩色合成仪；民航北京管理局使用运5型飞机，在北京门头沟的妙峰山，延庆县的后河、王家堡、东灰岭，密云县的潮关要沟，共5个播区，进行飞播造林；民航总局批准民航北京管理局第二飞行总队采用租凭方式，从日本朝日株式会社租用1架贝尔-2l2型直升机，用于渤海海上石油服务；民航沈阳管理局研制成功运5型飞机化学灭火喷洒设备，并用于大兴安岭林区灭火。

# 1982 年

6月，航空工业部试飞院引进美国奖状（cEssNA550）型飞机，用于航空摄影和科研试飞；民航广州直升机公司从英航直升机公司租赁了2架S-6IN型直升机，用于南海海上石油服务。

8月，民航广州管理局和民航湖北省局，在湖北省棉区，使用飞机对棉花喷施硼肥试验；民航吉林省局同省林科院等单位合作，使用飞机喷洒10%百茵清油剂对落叶松早期落叶病和枯梢病进行防治试验。民航西南管理局、民航云南省局和云南省畜牧部门在云南昭通高寒山区（海拔3362米）进行飞播黑麦草等7种牧草试验成功。

9月，国家经委《关于成立工业航空服务公司有关问题的通知》，批准成立民航工业航空服务公司，这是民航成立的第一家通用航空公司；民航总局批准组建中国南海石油联合服务总公司民航直升机公司（即民航广州直升机公司）。

12月，国家经委，国家计委批准成立中国海洋直升机服务公司。

# 1983 年

1月，我国第一个企业自办的航空服务队——新疆生产建设兵团农业航空服务队在石河子市成立，主营农业航空。

3月，民航工业航空服务公司邯郸分公司，首次驾驶拉玛型直升机在青海冷湖为中美合作石油地震勘探进行空中吊挂作业，以及提供陆上石油服务飞行。

5月，民航广州管理局、民航湖南省局和农业部门，在大通湖农场，进行水稻喷施锌肥试验。

12月，民航总局批准组建上海市海洋石油服务总公司民航直升机公司（即民航上海直升机公司）。

# 1984 年

民航徐州设备修造厂研制成功运 5 型飞机 Gp-8l 型喷液设备。

2 月，中国工业航空服务公司派出两架米-8 直升机和 l 架双水獭飞机，在沙雅、库尔勒设立飞行基地，担负在塔克拉玛沙漠中美合作进行的陆上石油地球物理勘探陆上石油的飞行任务。

民航河南省局和省农业厅合作，在黄泛区农场和西华等县，使用飞机对小麦病、虫进行防治技术综合研究。

民航总局从美国、法国分别引进贝尔-2l4ST、海豚（SA.-365N）型直升机，分别由民航广州管理局和民航工业航空服务公司执管，用于海上石油服务作业。

# 1985 年

4 月，民航总局批准组建中国飞龙专业航空公司。

5 月，中澳合办的农业航空实验站在佳木斯成立，主要经营垦区内的农业航空。

8 月，民航局批准黑龙江省国营农场总局组建农业航空实验站。

6~7 月，民航广州管理局、湖南省局和农业部门，在湖南大通湖、北洲子等农场，使用飞机对甘蔗根处喷施稀土微肥试验。

6 月 12 日，长江西岭峡新滩镇北岸发生严重滑坡，中国民航工业航空服务公司，迅速派出两架里-2 型飞机到现场进行航空摄影，为中央领导和有关部门了解灾情，研究地质变化情况，提供了珍贵的原始基础资料。

9 月，民航上海管理局南昌独立飞行中队使用运 5 飞机，赴江西鄱阳湖、安徽石日湖和沿海滩涂地区，执行中科院丹顶鹤群调查任务。

11 月~1986 年 1 月，中国民航工业航空服务公司配合水电部，在湖北宜昌地区使用米-8 直升机进行葛洲坝架设输电线路的施工作业。

12 月，由哈尔滨飞机公司设计制造的运 12 型飞机取得型号合格证。

12 月 10 日，《飞播造林地标导航作业试验》通过专家技术鉴定。

民航广州直升机公司和民航上海直升机公司从美国各引进 2 架 S 口 76 型直升机，用于海上石油服务作业。

中国海洋直升机专业公司从法国引进超美洲豹型直升机，用于海上石油服务作业。

# 1986 年

1 月 15 日，国务院发布《通用航空管理暂行规定》，从 1987 年 1 月 8 日起生效。从此，我国将"专业航空"改称"通用航空"。

4 月，民航总局下发《直升机吊挂飞行暂行规定》的通知。

5 月，民航总局和国家工商管理局下发《开办通用航空审批程序》的通知。

8 月，经民航总局和国家测绘局批准，在中国民航工业航空服务公司成立了航摄仪检测中心。

9 月，中国民航工业航空服务公司从美国购进了空中国王 E－200 型飞机，用于高中空航空摄影和机场导航设备校验。

10 月，国家标准局发布《1：500、1：1000、1：2000 比例尺地形图航空摄影规范》国家标准。

# 1987 年

4 月，民航北京管理局批准成立冀华航空公司。

6 月，中国航空工业航空服务公司邯郸分公司和北京市昌平县合作，建立联合旅游航空公司，使用米－8 直升机，以昌平机场为基地进行八达岭到一个新的水平岭长城空中游览飞行。

6 ～ 7 月，黑龙江省加格达奇地区发生历史上特大森林火灾，共出动飞机和直升机 86 架参加扑火救灾。

8 月，永定河防汛期间，中国民航工业航空服务公司应水利电力部门要求，及时出动两架飞机，进行 1：15000 比例尺彩色红外摄影和沿河道汛情的空中监测实时传输，准确地提供了永定河防汛现场实况，开辟了现场监测的新途径。

12 月～1988 年 1 月，根据我国有关部门与澳葡当局签订的航空摄影协议，中国工业航空服务公司派出一架飞机为澳葡公劳交通司在澳门地区（含两个岛屿）进行了航摄比例尺 1：3000 ～ 1：5000 的航空摄影。

1987 年 3 月～1989 年 8 月民航吉林省局和吉林省林业厅等单位在吉林省双阳县新安等林场进行飞机低量喷洒灭幼脲Ⅲ号防治落叶松鞘蛾的研究。

# 1988 年

5 月，民航总局颁发了《中国民用航空直升机近海飞行规则》。

6 月，民航沈阳管理局批准成立牡丹江通用航空公司，并颁发了通用航空经营许可证。它是我国首家由乡镇企业创办的通用航空公司。

7 月，民航总局同意中国民航工业航空服务公司和煤炭部航测遥感公司，共同成立航空遥感联合工程总公司。

7 月，全国首届通用航空发展政策研讨会在佳木斯召开，对发展我国通用航空事业进行探讨。会议期间，组织了中、波、美、澳 4 国生产的 7 种型别的农用飞机进行现场飞行表演。

9 月，我国首次使用民航飞行学院贝尔－206B 直升机在四川省绵阳和江油市进行播种造林试验获成功。

10 月，由民航吉林省局、吉林工业大学和民航第十二飞行大队共同研制的运 5 型飞机 FB－85 型播撒器，在长春通过技术鉴定。

11 月，中国工业航空服务公司天津分公司派出一架贝尔－212 型直升机，在天津北郊完成了水电部西安热工所进行机载热图像自动跟踪装置空中试验，用于我国的电力建设。

12 月，由民航广州管理局和海南农垦局共同进行的飞机微量喷洒硫黄胶悬（悬浮）剂防治橡胶树白粉病新技术研究，在广州通过鉴定。1986～1988 年，在海南省 6 个国营农场作业。

佳木斯农业航空试验站从波兰引进单峰骆驼（M－18A）型农业专用飞机。

# 1989 年

1 月，民航总局下发《关于经营空中游览业务的暂行规定》，首次对经营空中游览业务进行了规范。

1 月，民航总局颁发了《中国民航机载农业设备主要技术性能指标》。

3 月，民航总局批准中国民航工业航空服务公司，更名为中国通用航空公司。

5～6 月，中国通用航空公司派里－2 飞机 1 架在北京市城区进行彩红外航空摄影。

7 月，民航总局《关于保持 100 架可出动的运 5 农林飞机的决定》，规定民航总局直属企业保持 100 架可出动的运 5 农林飞机的具体安排。

8 月，中国通用航空公司开展"GPS（全球定位系统）导航在通用航空领域的应用研究"课题，并在航空摄影、航空探矿、海上石油服务飞行作业中试验，取得成功。

年内，中国通用航空公司引进了带有像移补偿的 Rc－20 型航摄仪，彻底解决了低空大比例尺航空摄影影像位移的关键问题。

9 月，民航总局下发通知，内蒙古东四盟通用航空任务交由民航北京管理局承担。

12 月，南方航空公司珠海直升机公司从英国引进海岛人（BN－2B）型飞机，用于通用航空作业。

## 1990 年

2 月，民航通用航空会议在珠海召开。

3 月，民航西南管理局向贵州双阳通用航空公司颁发经营许可证；石家庄飞机制造厂首批 9 架运 5B 型飞机全部取得民航局颁发的单机适航证，这是我国首次仅依据补充型号合格证生产和制造的农用飞机；民航总局向牡丹江通用航空公司颁发维修许可证。

4 月 11 日，西安市东郊沼河流域的白鹿原岩体发生特大滑坡，中国通航公司派出 1 架伊尔－14 型飞机对滑坡地区进行彩红外航空遥感摄影。

4 月，民航总局向黑龙江农场总局佳木斯农航站颁发维修许可证。

5 月 7 日，民航华东管理局批准成立常州江南通用航空公司，颁发通用航空经营许可证。

6 月，民航北京管理局第二十四飞行大队派出运 5 型飞机 1 架，为亚运村及其周围 17 平方公里城区面积上空，喷洒灭蚊农药。

6 月，哈尔滨飞机制造公司研制的运 12 型飞机，获英国民航局（CAA）型号合格证，这是中国第一种获国际权威机构颁发合格证的民用机型。

12 月，中国民航进行体制改革，民航总局专业航空司取消，归入企业管理司，缩编为通用航空处。

## 1991 年

1 月，民航局发文，同意将林业部 2 架贝尔－2l2 直升机调给中国通用航空公司执管。

2 月，中国东方航空公司安徽分公司正式成立；民航总局颁发《关于单发飞机、单发直升机进行游览飞行的暂行规定》。

3 月，民航总局向哈尔滨飞机制造公司颁发 TC9ool3 号运 12 飞机型号合格证；民航总局企业管理司下发《民航通用航空作业质量技术标准（试行）》。

4 月，民航总局颁发《通用航空工作人员服务守则》；中国机械进出口总公司与法国宇航公司签订购买 8 架小松鼠 As350b 型直升机和 2 架在中国制造的 z－9 型直升机，用于大兴安岭森林防火和森林资源恢复。

5月，民航华东管理局批准成立江南通用航空公司并颁发通用航空经营许可证。

6月，中国西北航空公司第二十一飞行大队运5型8327号机，在宁夏农垦局暖泉农场执行农化任务作业时发生一起飞行事故，机上3人罹难。

8月，经国家物价局批准，国内通用航空作业项目收费标准上调，取消原定飞机日停场收费办法，实行月租金（租机）形式。

9月，民航总局下发《关于贯彻执行＜航空体育运动管理办法＞的通知》。

# 1992 年

2月，民航广州管理局，批准成立荆门联合通用航空公司，并颁发了通用航空经营许可证。

5月，国务院批复同意中外合资兴办泰山航空游乐公司。这是通用航空第一家中外合资企业。

8月，民航总局下发《关于通用航空生产管理和保障工作的通知》。

12月，民航总局批准成立中飞通用航空公司。

# 1993 年

1月，国家物价局下发《关于通用航空收费标准管理权限的通知》，决定通用航空收费标准管理权限恢复由民航总局直接管理。

5月，民航总局批准北方航空黑龙江分公司通用航空财务核算管理实施改革；民航东北管理局成立农垦通用航空公司；农垦通用航空公司从澳大利亚引进GA－200型农业专用飞机。

7月，东岳轻型通用航空公司经民航总局批准成立。1997年更名为青岛通用航空有限公司。

8月，民航总局批准筹建青岛直升机公司。

# 1994 年

1月，民航总局下发《关于调整通用航空收费标准和办法的通知》，对通用航空收费标准进行了调整。

4月，民航总局批准国家体委安阳航校从美国进口R－44型直升机。

7月21日，由贵州双阳航空公司、贵州省林业厅、黔南州林业科学研究所合作的"GPS导航飞播系统研究"通过鉴定，标志着我国飞播造林导航技术取得重大突破。

8月12日，国家标准"飞机播种造林技术规程"（GB/Tl5l62-94），经国家技术监督局批准，1995年3月1日实施。

11月，民航总局进行机关机构改革，撤销企业管理司，组建运输管理司，司内设通用航空处。

# 1995 年

3月，海南省航空公司引进里尔捷特-55（learjet55）型公务机，从事公务飞行服务。

6月22日，民航总局批准新疆航空公司和新疆生产建设兵团农航队联合成立新疆通用航空有限责任公司，这是民航系统第一家与地方联办的通用航空企业。

7月19日，民航东北管理局批准成立沈阳北燕通用航空有限责任公司。

8月~10月，民航总局运输管理司组织总局有关司局对通用航空现状进行调研。

7月，民航总局使用通用航空专项基金购买运5B型飞机，交所属通用航空企业使用。

10月16日，民航东北管理局批准成立齐齐哈尔鹤翔通用航空公司。

11月，民航东北管理局批准成立东北通用航空有限公司。

12月，民航华东管理局批准成立长江通用航空公司。

# 1996 年

1月，民航东北管理局批准成立黑龙江省八五六农场农业航空站。

1月19日，民航总局批准成立云南石林旅游航空股份有限公司。

1月31日，民航总局党委作出《关于发展通用航空若干问题的决定》。

4月12日，民航总局批准成立山东航空公司青岛直升机公司。

8月1日，民航总局颁布了《通用航空企业审批管理规定》。

10月17日，民航总局颁布了《通用航空执行重大抢险救灾飞行任务暂行规定》《经营空中游览项目审批规定》。

年内，民航各地区管理局均成立了通用航空管理机构。

# 1997 年

5月15日，荆门通用航空运5型8451号机在湖南省靖县执行林化任务，飞机迫降后起火烧毁。

6月19日，经民航总局审核，民航华东管理局批准成立东华通用航空有限公司。

8月，远大空调有限公司从美国引进奖状Ⅳ型公务机和贝尔－206直升机各1架，成为我国第一家拥有公务机的民营企业。

9月，中国通用航空公司派双水獭飞机1架，赴香港执行香港九龙铁路公司西铁部修建九龙至广州铁路的航空摄影任务。

9月22日，民航总局颁布了《民用直升机海上平台运行规定》。

10月，中国通用航空公司派空中国王飞机1架，开始实施中越陆地边界摄影工作。

10月4日，南方航空公司珠海直升机公司s－76型7301号机在温州洞头县坠海失事，机上7人全部遇难，构成重大飞行事故。

10月9日~10日，全国民航通用航空改革现场会在新疆石河子市召开。

11月7日，北方航空黑龙江通用航空公司通过中国航空器材进出口总公司和俄罗斯乌兰乌德飞机制造公司签署协议，定购米－171直升机5架。这是我国民航首次引进米－171型直升机。

12月15日，民航中南管理局批准成立河南蓝翔通用航空公司和广东阳江通用航空公司。

# 1998 年

1月，经民航总局批准，中国通用航空公司被中国东方航空公司兼并，通用航空部分更名为东方通用航空公司。这是我国第一家被兼并的航空公司。

2月17日，中国通用航空公司执行的中越陆地边界航空摄影任务结束，这次航空摄影任务是配合中越陆地边界谈判开展的，历时1996、1997、1998年三年两个航季，航空摄影面积10700平方公里，覆盖边界线约666公里。

2月27日．民航中南管理局批准成立广东省通用航空公司和武汉直升机有限公司。

4月，武汉直升机有限公司引进美国恩斯特龙（Enstrom）408型直升机。

5月13日~5月23日，在内蒙右阿尔山特大森林火灾扑救过程中，飞龙专业航空公司、北航黑龙江通用航空公司、东方通用航空公司，出动飞机1架、直升机3架（另有两架直升机每天24小时待命），投入到灭火战斗中。

6月10日~6月25日，山东、河南、天津等地蝗虫发生严重，在民航总局的统一部署下，东华通用航空有限公司、蓝翔通用航空公司、冀华航空公司共出动运 5 和运 5B 飞机 10 架参与灭蝗。

7 月 24 日~8 月 31 日，长江、嫩江和松花江流域发生了新中国成立以来罕见的洪涝灾害，飞龙专业航空公司、北航黑龙江通用航空公司、东方通用航空公司、武汉直升机公司、农垦通用航空公司，共出动飞机、直升机 15 架，承担了运送领导视察、灾情监测、空中拍照、运送救灾物资、紧急救援等大量任务。

6 月 8~9 日，"98 北京国际直升机应用研讨会"在北京召开。

9 月，民航总局机构改革结束，运输司下设通用航空处。

10 月，民航乌鲁木齐管理局批准成立新疆天山通用航空公司。

11 月 17 日~18 日，"98 珠海公务航空国际研讨会"在珠海市召开。

12 月 23 日~1999 年 1 月 7 日，广东省通用航空公司完成澳门地区航空摄影任务。

# 1999 年

1 月，北方航空黑龙江通用航空公司定购的米 - 171 直升机 5 架到货。

2 月 11 日，中国海洋直升机专业公司进行股份制改造，更名为中信海洋直升机股份有限公司，成为我国第一家拟上市通用航空企业。

3 月，民航总局同意北方航空公司执行购买英国生产的三岛人飞机合同。

# 2000 年

6 月，青岛直升机有限公司为青岛海尔集团购买、执管一架 EC - 135 型直升机，为其提供公务和宣传飞行服务。

7 月 3 日，经中国证监会批准，中信海洋直升机股份有限公司利用深交所交易系统上网定价发行股票，简称"中信海直"。中信海直直升机股份有限公司成为我国通用航空企业第一家上市公司。

7 月，英国标准协会（BSI）向中信海洋直升机股份有限公司颁发了 ISO9002 质量证书。这标志着该公司历时一年多的质量认证工作取得圆满成功，领到了国际市场的"通行证"。

9 月 9 日，东方通用航空公司及邯郸分公司、航摄公司设在辽宁兴城、大连、上海启东、山西平朔、新疆阿克苏等各个基地的飞机圆满完成各项飞行作业任务分别安全返回基地，标志着东方通用航空公司安全飞行 15 周年的奋斗目标已经顺利实现，同时也标志着该公司创造了我国通用航空最长的飞行安全纪录。15 年来该公司安全飞行 60212 小时，起降 20 万架次，创造了我国通用航空飞行安全的新纪录。

3月12日，民航总局上收通用航空企业审批权限。

3月，东方通用航空公司邯郸分公司，在西南地区百色航空护林首次使用米－8直升机进行吊桶撒水灭火作业。

4月，海南省边防局购买1架贝尔－206B型直升机，用于边防巡逻和缉私。

5月21日，米－171型直升机首次在北京八达岭进行空中游览飞行。

5～8月，中国飞龙专业航空公司一架直－九型直升机，随中国北极科学考察队，提供科学考察服务飞行。

8月12日，东方通用航空公司BO－5B105型直升机和南方航空珠海直升机公司S－76C＋型直升机各1架，在上海港首次开展直升机接送引港员任务飞行。

9月，广东省通用航空有限公司派运5B型飞机1架，执行澳门全境的航空摄影任务。

9月24日，东方通用航空公司使用运5B型飞机1架，执行香涝西线铁路航空摄影任务。

11月24～25日，民航行业标准《航空摄影技术设计规范》和《航空探矿飞行作业技术规范》通过审定。

# 2001 年

6～8月，我国东北飞蝗在发生范围和程度上均超过了2000年，共有9家通用航空公司的27架飞机投入7个省（自治区、直辖市）的灭蝗作业。

9月初，武汉东湖发生轻型飞机违法飞行致一名游客死亡事件后，民航总局下发了《关于查处、取缔违法通用航空飞行活动的紧急通知》。

11月，中信海洋直升机股份有限公司与北方航空公司黑龙江通用航空公司开展了资产置换整合工作。

年底，我国正式开展运营的通用航空企业共有36家，已批准筹建的通用航空企业12家。

# 2002 年

6月，由民航飞行学院组建的四川三星通用航空公司成立。

6月，发生了内蒙古林区雷击森林火灾，民航总局和东北地区管理局紧急调用直升机，保证了航空护林灭火任务的完成。

8月，四川三星通用航空公司与国家气象局使用夏延飞机合作开展人工降水作业。

年底，我国正式开展运营的通用航空企业共有39家，已批准筹建的通用航空企业13家。

【附录二】

# 民航常用词汇中英文对照表

| | |
|---|---|
| JAR joint aviation regulation | 欧洲联合航空条例 |
| jet engine | 喷气发动机 |
| jet airplane | 喷气式飞机 |
| jet stream | 急流（高空西风流） |

## K

| | |
|---|---|
| kHz kilo－hertz | 千赫 |
| knot | ①节（海里/小时）；②海里 |

## L

| | |
|---|---|
| landing | 着陆 |
| landing gear | 起落架 |
| landside | 地面运输区，陆测 |
| latera laxis | （飞机）横轴，俯仰轴 |
| latitude | 纬度 |
| layout | 布局，配置 |
| LCD liguid crystal display | 液晶显示器 |
| level fight | 水平飞行 |
| lift | 升力 |
| loading chart | （航空器）配载图 |
| localizer | 航向台，航向信标台 |
| longitude | 经度 |

| | |
|---|---|
| longitudinal axis | （飞机）纵轴，横滚轴 |
| logo logographic | 航徽，标志 |
| LRU line replaceable unit | 航线可更换件，外场可更换件 |

# M

| | |
|---|---|
| Mach | 马赫数 |
| magnetic heading | 磁航线 |
| main gear | 主起落架 |
| maintain | 维护，检修 |
| marker beacon | 指点信标台，标志 |
| meteorology | 气象学 |
| MHz megahertz | 兆赫 |
| millibar | 毫巴 |
| minima | 最小值，最低天气条件，间隔标准 |
| MLS microwave landing system | 微波着陆系统 |
| MPH miles per hour | 每小时英里 |
| MSL mean sea level | 平均海平面 |
| MTOW maximum takeoff weight | 最大起飞重量 |
| MZFW maximum zero fuel weight | 最大无燃油重量 |

# N

| | |
|---|---|
| narrow bodied airliner | 窄体客机 |
| navigation | 导航 |
| NDB nondirectional beacon | 无方向信标，中波导航台 |
| non－stop flight | 不着陆飞行，直飞航班 |
| nose gear | 前起落架 |
| NOTAM notice to air man | 航行通知 |
| nozzle | 尾气管，喷口 |

# O

| | |
|---|---|
| obstacle | 障碍物 |
| OEW oprational empty weight | 营运空机重量，使用空量 |
| open ticket | 放开票（不定日期机票） |
| operating cost | 营运成本 |
| overbooking | 超售（机票） |
| overhaul | 大修，翻修 |
| oxygen mask | 氧气面罩 |

# P

| | |
|---|---|
| passenger | 乘客 |
| pay load | 夜载，商载 |
| pay load－range diagram | 夜载航程图 |
| PCN pavemen tclassification number | 道面等级序号 |
| pilot | 驾驶员 |
| pilotage | 领航 |
| piston engine | 活塞发动机 |
| pitch | 俯仰（飞机），桨距 |
| pitot－static system | 全压－静系统 |
| pitot tube | 全压管，皮托管 |
| propeller | 螺旋桨 |
| pressurized cabin | 增压座舱 |
| PSR primary survillence radar | 一次雷达 |
| power plant | 动力装置 |

# Q

| | |
|---|---|
| QFE | 场压高度 |
| QNH | 高出海平面高度 |

# R

| | |
|---|---|
| radar | 雷达 |
| radio altimeter | 无线电高度表 |
| radio beacon | 无方向性无线电信标 |
| ramp | 机坪 |
| range | 航程 |
| RAT ram air turbine | 冲压空气涡轮 |
| regional navigation | 区域导航 |
| report point | 航线报告点 |
| reservation | 预定座位 |
| revenue | 收入，周转金 |
| RF radio frequence | 射频，无线电频率 |
| right of way | 优先通行权，（航）路权 |
| RMI radio magnetic indicator | 无线电磁（罗盘）指标器 |
| roll | 横滚，侧倾 |
| rotation speed | 抬前轮速度 |
| route | 转子（涡轮，陀螺）旋翼（直升机） |
| route craft | 旋翼航空器 |
| route | 航线，路程 |
| RPM revenue passenger miles | 收费客英里 |
| RPM revolution per minute | 收费客英里 |
| RTM revenue ton mile | 收费客英里 |
| rudder | 方向舵 |
| runway | 跑道 |
| RVR runway visual range | 跑道视程，跑道能见距离 |

# S

| | |
|---|---|
| SATCOM satellite communication | 卫星通信 |
| satellite navigation | 卫星导航 |
| segment | 航段 |
| sepration | 间隔 |

| shock wave | 激波 |
| SID standard instrument departure | 标准仪表离场 |
| side strip | （跑道）侧安全带 |
| SIGMET significant meteorology information | 重要天气预报 |
| slant range | 斜距 |
| SNOWTAM | 雪情通告 |
| spoiler | 扰流板 |
| SPI special position identfication pulse | 位置识别脉冲 |
| SSR secinary surveillence radar | 二次雷达 |
| stability | 稳定性 |
| static port | 静压孔 |
| stall | 失速 |
| stopver | 过站 |
| stratosphere | 平流层，同温层 |
| streamline | 流线，流线型 |
| sub－sonic | 亚音速 |
| super－sonic | 超音速 |
| swash plate | 自动倾斜器（直升机） |
| sweep back（swept back） | 后掠角，后掠型 |

## T

| tab | 调整片 |
| tail rotor | 尾桨（直升机） |
| take off | 起飞 |
| TAS true air speed | 真空速 |
| TAT total air temperature | 大气总温　滑行道 |
| taxiway | 滑行道　终端管制区 |
| TCA terminal control area | 终端管制区，航站管制区 |
| TCAS traffic alert and collision avoidance system | 交通警告和方装系统 |
| termial | 终端，中点，候机楼 |
| TH true heading | 真航向 |
| threshold | 跑到端，跑道入口 |
| throttle | 油门（发动机），节流阀 |
| thrust | 推力 |

| | |
|---|---|
| TMC thrust management system | 推力管理系统 |
| touch down | 接地（降落时） |
| trainer | 教练机 |
| transceiver | （无线电）收发机 |
| transponder | 应答机 |
| trim | 配平，调整 |
| trouble – shooting | 排故 |
| turbine | 涡轮 |
| turbofan | 涡轮风扇发动机 |
| turbojet | 涡轮喷气发动机 |
| turboprop | 涡轮螺旋桨发动机 |
| turboshaft | 涡轮轴发动机 |
| turnover | 周转量 |
| type | 机型，型号 |

# U

| | |
|---|---|
| UHF ultra high frequency | 超高频 |
| upwind leg | 逆风边（一边） |
| UT universal time | 世界时 |
| UTC coordinated universal time | 协调世界时 |

# V

| | |
|---|---|
| vertical stabilizer | 垂直安定面 |
| VFR visual fiight rules | 目视飞行规则 |
| VHF very high frequency | 甚高频 |
| visibility | 能见度 |
| VMC visual meteorological conditions | 目视气象条件 |
| VOR very high frequence omnidirectional radio range | 甚高频全向信标 |

# W

| wake turbulence | 尾流，尾迹旋涡流 |
| waypoint | 航路点 |
| waybill | 货运单，提货单 |
| wide - bodied airliner | 宽体客机 |
| windshear | 风切变 |
| windshield | 风挡（玻璃）（仪表）遮板 |
| wind speed | 风速 |
| wind tunnel | 风洞 |
| wing | 机翼 |
| winglet | （翼尖）小翼 |

# X

| X - mitter | 无线电发射机 |

# Y

| yaw | 偏航 |
| yaw axis | 立轴，偏航轴 |
| yeild | （单位交通运输量的）收入，产量 |
| yoke | 驾驶杆 |

# Z

| zone time | 区时 |
| zulz time | 格林尼治时间 |